职业院校专业课程改革系列教材

中外名建筑赏析

张慧坤　王燕萍　主编

浙江工商大學出版社
ZHEJIANG GONGSHANG UNIVERSITY PRESS
·杭州·

图书在版编目(CIP)数据

中外名建筑赏析 / 张慧坤,王燕萍主编. —杭州:浙江工商大学出版社,2020.6

ISBN 978-7-5178-3826-5

Ⅰ. ①中… Ⅱ. ①张… ②王… Ⅲ. ①建筑艺术—鉴赏—世界 Ⅳ. ①TU-861

中国版本图书馆 CIP 数据核字(2020)第072975号

中外名建筑赏析

ZHONGWAI MING JIANZHU SHANGXI

张慧坤　王燕萍 主编

责任编辑　杨　戈　厉　勇

封面设计　雪　青

责任校对　张春琴

责任印制　包建辉

出版发行　浙江工商大学出版社

（杭州市教工路198号　邮政编码310012）

（E-mail:zjgsupress@163.com）

（网址:http://www.zjgsupress.com）

电话:0571-81904980,88831806(传真)

排　　版　杭州朝曦图文设计有限公司

印　　刷　杭州高腾印务有限公司

开　　本　787 mm×1092 mm　1/16

印　　张　15

字　　数　307千

版 印 次　2020年6月第1版　2020年6月第1次印刷

书　　号　ISBN 978-7-5178-3826-5

定　　价　72.00元

编委会

主　编　张慧坤　王燕萍

编　委　徐姣琴　沈利菁　夏荣萍

范李明　孙一平

主编简介

张慧坤，中学高级教师，浙江工业大学建筑工程硕士。柯桥区职业教育中心二星级学科教师，绍兴市职业学校优质课一等奖获得者。主编《建筑测量同步训练》《建筑识图习题集》《屋面防水工程施工技术》等教材，参编《建筑施工技术》《建筑工程施工》《建筑测量习题集》《水电安装》《建筑专业第二轮复习卷》等多种教材及教辅图书。

王燕萍，浙江绍兴人，中学一级教师。长期从事建筑专业的教学。2016年被评为区级优秀青年教师，同年荣获全国优秀指导老师奖，2019年获绍兴市柯桥区政府授予的星火教师荣誉称号。发表多篇论文，参编多本教材。

本书既可以作为中职学校建筑工程施工专业选修课教材，也可作为建筑的科普读物，是一本学习建筑知识的入门之书。

建筑是一个非常庞大的学科，其出现时间之久远，影响之广泛，可以追古溯今，可以无所不包。世界在发展，建筑也在与时俱进。建筑是一个五彩缤纷的世界，了解它不仅可以获得美的享受，可以看到建筑科技创造的奇迹，能够使我们得到鼓舞。同时，如果我们能充分掌握建筑方面的知识，也可以自己动手创造舒适的居住环境。

为拓展中等职业学校建筑工程施工专业学生的知识面，本书着重介绍西方、东方建筑艺术的精粹，结合大量古今中外著名建筑，对这些建筑的特点进行客观的评价，让学生了解建筑的发展变化过程，感受、传播和弘扬建筑文化，从而激发学生对本专业的学习兴趣，为学生在今后的学习、工作中进行批判的借鉴和积极的创造提供条件。建筑是科学技术与应用艺术结合的产物，因此本书附有丰富的插图，能使读者获得一个比较具体生动的形象。

本教材全面阐述了建筑的发展演变和最新动态，系统地梳理了建筑思潮与流派的设计思想和设计手法。同时，教材力避高深玄虚的理论，运用平实简明的语言，配以大量精美的插图，对建筑思潮和流派的建筑作品进行了归纳解析，以期为在校的建筑工程施工专业学生提供一个深入、全面地认识建筑发展过程的理论平台，从而提高其学习能力。为进一步加强中职学生德育教育，编者从教材中挖掘德育素材，帮助学生确立科学的世界观、人生观、价值观，明确人类共同发展进步的历史使命和时代责任。

本书由绍兴市柯桥区职业教育中心张慧坤、王燕萍主编。第1篇、第2篇2.6—2.7由张慧坤编写，第2篇2.1—2.5由徐姣琴编写，第3篇3.1—3.2由夏荣萍编写，3.3—3.5由范李明编写，第4篇由王燕萍编写，第5、6篇由沈利菁编写。第1至6篇德育知识拓展由孙一平编写。

在本书的编写过程中，参阅了相关教材、论著和资料，在此谨向相关作者表示由衷的感谢。由于编写时间仓促，编者的学术水平和实践经验有限，书中难免存在不妥和疏漏之处，敬请同行、专家和广大读者批评指正，不胜感激。书中大量图片来自网络，请著作权人获悉后与出版社联系。联系电话：0571-88904980。

编　者

2019年5月

目录

第1篇　古埃及、两河流域和伊朗高原建筑

第2篇　西方建筑艺术撷英

第3篇　东方建筑艺术

第4篇 新建筑运动的钟声

第1篇 古埃及、两河流域和伊朗高原建筑

1.1 古埃及建筑

传说中，伊西斯女神[①]的眼泪滋养了尼罗河畔的沃土，孕育出伟大的古埃及文明。在法老王统治埃及的三千年间，尼罗河子民创造了举世瞩目的辉煌建筑。古埃及文明的三大象征——象形文字、金字塔和狮身人面像，其中两项都与建筑有关。这些由巨石构建而成的奇迹是献给众神和各位法老王的，埃及人相信人和太阳一样会死而复生，他们精心建造陵墓以保护尸体，让灵魂居住在永生之中。他们创作了阴间指南"死者书"以确保不朽，在纪念碑上留下了对自己信仰的证言。

死亡与宗教是古埃及建筑的永恒主题，金字塔和庙宇的巨大尺度体现了古埃及人对于死亡国度的崇敬以及对永生的向往。神庙作为沟通人间与神界的中介场所被修建得格外巨大与华丽，法老们便借由这些巨构散发出的令人震慑的力量来完成他们由人性至神性的升华。

1.1.1 吉萨金字塔群——死亡与永恒的纪念碑

概述

吉萨金字塔群(图1-1-1)是古代世界七大奇迹[②]中唯一留存至今的，它主要由第四王朝的胡夫、哈夫拉、门卡拉三位法老及其妻子的金字塔、丧庙及狮身人面像[③]组成。其中，以胡夫金字塔的规模最大。胡夫金字塔俗称"大金字塔"，高达146.59米(因顶端剥落，现高136.5米)，曾经是世界上最高的建筑物，这个纪录直到1889年巴黎埃菲尔铁塔落成后才被打破。

图 1-1-1　吉萨金字塔群

特点

胡夫金字塔(图 1-1-2)是埃及现存规模最大的金字塔,又称吉萨大金字塔,位于埃及吉萨,是古埃及第四王朝的法老胡夫的金字塔,主要作为其陵墓,也是世界上最大、最高的埃及式金字塔。

图 1-1-2　胡夫金字塔

胡夫金字塔建于约公元前 2690 年,占地约 5.3 公顷,其四方尖锥形的外观象征着太阳及法老的光辉普照大地。四个斜面正对东、南、西、北四方,误差不超过圆弧的 3 分,它的正方形底边长 230 米(由于塔外层石灰石脱落,现在底边减短为 227 米),而四条底边的长度误差竟然只有惊人的几十厘米。整个金字塔由 230 万块巨石堆砌而成,平均每块重达 2.5 吨,每块石头都磨得很平,人们也很难用一把锋利的刀刃插入石块之间的缝隙。

胡夫金字塔是可以让游客进去参观的,允许从大走廊进入国王墓室(图 1-1-3)。在大金字塔身的北侧离地面 13 米高处有一个用 4 块巨石砌成的三角形出入口。从入口进入大金字塔,一开始便是一条呈 26 度角倾斜的下坡道,直行而下会遇到另一条上坡道,在通道尽头，是一间位于金字塔正下方600英尺的石室。

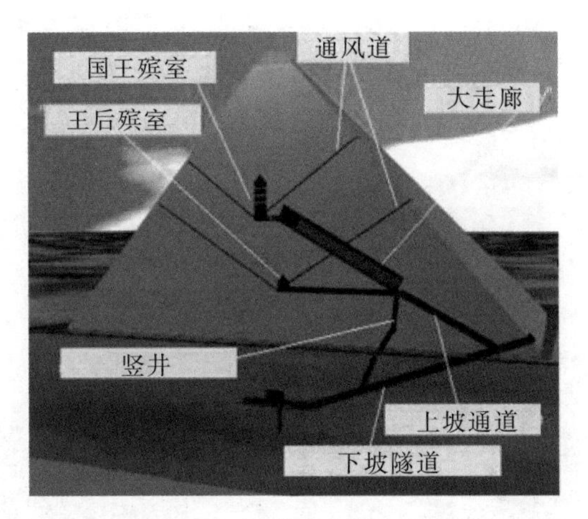

图1-1-3　胡夫金字塔内部构造

影响

气势恢宏的金字塔既是法老的长眠之地，又是人类追求永恒的纪念碑。金字塔高度抽象精练的尖锥体外形，以坚不可摧的稳定感，引发了人们对向上升腾的无限幻想，即使是已看惯摩天大楼的人们，站在广阔无垠的大漠里，置身于其巨大的阴影中，也会为这神圣之作的气魄所折服。

这些形式高度纯净的几何体在尼罗河西岸已经屹立了近5000年，并以巨大的体量和单纯的形式深刻地影响着后来的西方建筑美学，而其三角形也作为一个基本母题广泛应用于近现代建筑中。

相关知识拓展

①伊西斯女神：守护死者的女神，亦为生命与健康之神。因丈夫俄塞里斯遇害身亡而悲痛落泪，泪水涌入尼罗河造成洪水泛滥，每年的6月17日或18日便是“落泪节”，每逢此时，埃及人便会举行盛大的庆祝活动以祈祷来年丰收。后来其丈夫在伊西斯的帮助下复活。

②古代世界七大奇迹：分别为埃及吉萨金字塔、奥林匹亚宙斯巨像、阿尔忒弥斯神庙、摩索拉斯陵墓、亚历山大灯塔、巴比伦空中花园和罗德岛太阳神巨像。

③狮身人面像（图1-1-4）：雕像高达22米，身长约57米，面部有5米长，雄视着象征希望和生命的东方，庄严地匍匐在哈夫拉金字塔前。狮身人面像的面部

依据哈夫拉法老的形象雕刻，法老头戴菱形方巾，前额佩戴蛇形头饰，脸上挂有神秘莫测的笑容。狮身人面像是古代法老智慧与权力的象征，狮子是古埃及战神的化身。

图 1-1-4　狮身人面像

1.1.2　卡纳克的阿蒙神庙——太阳神的府邸

概述

屹立在金字塔旁的宏伟、壮观的阿蒙神庙(图 1-1-5)，是古埃及最具代表性、最迷人的不朽建筑物之一。

图 1-1-5　阿蒙神庙

在公元前1567年开始的古埃及新王朝，每天清晨，法老和他的臣民都要到卢克索的卡纳克神庙前迎接缓缓升起的太阳，迎接他们心中最崇敬的神灵，这就是阿蒙-瑞神——卢克索的地方神阿蒙和太阳神瑞的结合体。在古埃及人心目中，一岁一枯荣的农耕收获和富足恩爱的生活都仰仗这位神明的恩泽。

太阳神阿蒙神庙占地形状为一个巨大的梯形，西边长710米，东南各边长为510米，北边长530米，占地24.28公顷，四周有砖墙围绕，其巨大的体量足以装下一个巴黎圣母院。

特点

卡纳克的阿蒙神庙是在很长时间里慢慢建造起来的，前后一共造了六道大门，而以第一道为最高大，它高43.5米，宽113米。

阿蒙神庙最令人叹为观止的便是石柱大厅。大厅宽103米，进深52米，密布16列共134根巨柱。每根石柱高21米，直径3.6米，柱头为绽放的纸莎草花，每根“盛开”的莲花大圆柱顶可以站立100余人。而两旁柱子较矮，高13米，直径2.7米，柱头为闭合式。大厅内光线昏暗，形成了法老所需要的“王权神化”的神秘压抑的气氛。

这些石柱历经三千多年无一坍塌，令人赞叹。庙内的柱壁和墙垣上都刻有精美的浮雕(图1-1-6)和鲜艳的彩绘，它们记载着神灵庇佑下法老辉煌的功绩。由中央石柱引导望去，不远处的方尖碑[①]就像黑暗中太阳射出的一束光芒，宛如神迹。

图1-1-6　石柱浮雕

影响

殿内石柱(图1-1-7)如林，以中部与两旁屋面高差形成的高侧窗采光，这种仅利用高差采光的方式可视为后来欧洲教堂高侧窗采光的先驱。

图 1-1-7　神庙内的石柱

作为埃及最大的神庙，卡纳克神庙之所以如此著名，不仅因为它的壮丽，而且因为它的建筑元素，如大圆柱和轴线式设计，先后影响了希腊建筑和世界其他建筑。

相关知识拓展

①方尖碑：方尖碑是古埃及崇拜太阳的纪念碑，也是除金字塔以外，古埃及文明最富有特色的象征。

方尖碑的外形呈尖顶方柱状，由下而上逐渐缩小，顶端形似金字塔尖，塔尖常以金、铜或金银合金包裹，当旭日东升照到碑尖时，它像耀眼的太阳一样闪闪发光。

阿蒙神庙内曾经用花岗石建造了两个大方尖碑。图 1-1-8 的这座方尖碑是世界上第一位女王、古埃及唯一的女法老哈特谢普苏特女王所立，碑身全高 29 米，重 323 吨，是当时最高的方尖碑，也是现在埃及境内最高的方尖碑。

图 1-1-8　方尖碑

1.2　两河流域和伊朗高原建筑

位于幼发拉底河与底格里斯河之间的美索不达米亚平原被认为是人类文明的发源地之一。当欧洲还在新石器时代的蒙昧中摸索时，那里已经出现了人类最早的城市，城市的主要遗址在今伊拉克境内。苏美尔人用芦苇笔在泥板上写字，从而发明了世界上第一种文字——楔形文字。两河流域的人们还发明了第一个制陶器的陶轮，确定了第一个七天的周期，在黑色玄武岩上编制了家喻户晓的汉谟拉比法典(图1-2-1)。

图1-2-1　汉谟拉比法典

这片肥沃的新月地带招致了多个种族的觊觎。因此，历史上这里的政权多次更迭。公元前3000年左右，苏美尔人建立起了多个城邦，进入了一个类似“战国争霸”的年代。源于对天体以及山岳的崇拜，在这片稀缺石料和木材的土地上，他们仅凭泥土、水和砖石就建起了蔚为壮观的山岳台，这种神权至上的价值观一直持续影响着当地建筑艺术，直到古巴比伦王朝结束。随后建立起的亚述帝国在文化艺术方面很大程度上受到了苏美尔及古巴比伦的影响。但是，比起先人对宗教的虔诚，他们更注重现世的享受。因此，他们兴建了规模宏大的城市以及富丽堂皇的宫殿。公元前626年，盛极一时的亚述帝国被新巴比伦王国(迦勒底王国)取代，新巴比伦逐渐发展成为西亚地区最大的政治、文化、贸易和手工业中心。而新巴比伦城的建设更是其艺术成就的集中体现，古希腊历史学家希罗多德赞叹其辉煌程度“超越了世上所有已知的城市”。

1.2.1　新巴比伦城——失落的圣域

概述

新巴比伦王国历史上最著名的国王尼布甲尼撒二世在公元前605年至公元前562年对新巴比伦城进行了扩建，占地面积达10平方千米，使这座城市达到了奢华的顶峰。巴比伦城复原图(图1-2-2)。

图 1-2-2 巴比伦城复原图

特点

经考证,新巴比伦城的整体经过精心规划,呈网格状布局。幼发拉底河从城中间贯穿而过,整个城市被两道厚厚的城墙包围。一条"仪仗大道"经过伊什塔尔门(图 1-2-3)通向城内。这座以巴比伦神话中爱情女神来命名的城门共有前后两道,四角配有望楼[①],形制类似中国古代的瓮城[②]。城门的表面用彩色釉砖拼贴出动物以及各种花纹作为装饰,装饰效果类似于今天的马赛克。这是两河流域特有的一种装饰手法,对后来的欧洲建筑装饰以及中国的琉璃艺术都产生了十分深远的影响。

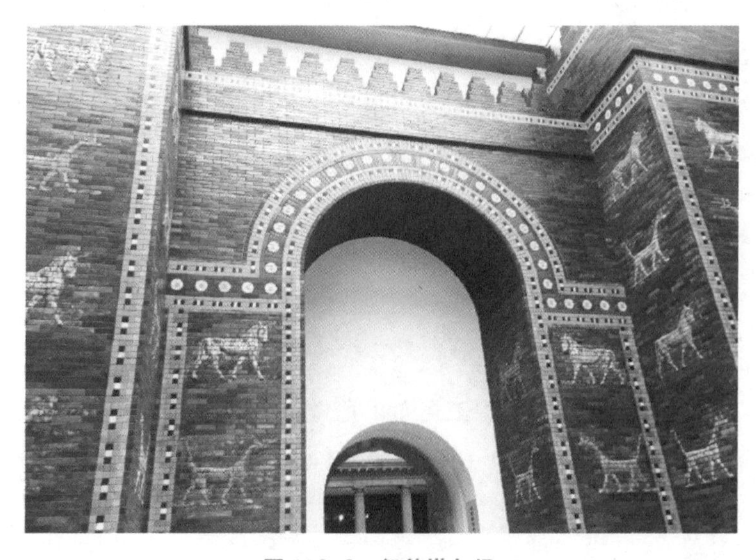

图 1-2-3 伊什塔尔门

为了取悦妃子阿美蒂斯，尼布甲尼撒二世下令在城中修建了被列为“古代世界七大奇迹”之一的空中花园③。尽管许多文献均对其有过详细记载，但是目前尚未发现它的准确位置。

国王显然不满足于眼前的丰功伟绩。于是，他下令建造一座可与天争的塔庙巴别塔(图1-2-4)。据希罗多德描述，这座塔共有七层，每一层都覆盖着不同颜色的瓷砖，在太阳的照射下熠熠生辉，神殿内部装满了约26吨黄金饰品和雕塑。当巴比伦城中最大的一处塔基被发现时，人们都坚信这就是《圣经》中的巴别塔④。

图1-2-4　巴别塔

相关知识拓展

①望楼：用于防守的辅助建筑，通常结合墙、塔、台、堡垒等防御设施。

②瓮城：古代城市主要防御设施之一，在城门外或内侧加筑一道与墙体连接的小城，当敌人攻入瓮城时，将两侧城门关上，便可形成一种“瓮中捉鳖”的态势。

③空中花园：又称“悬苑”。为解爱妃阿美蒂斯的思乡之情，尼布甲尼撒二世修建了空中花园，花园采用了立体造园手法，在四层平台之上种植各种奇花异草，并配备了灌溉系统。远观犹如悬在半空的花园一般，由此得名。

④巴别塔：《圣经·创世纪》记载，人类在历史之初语言是相通的。于是他们商议建造一座塔顶通天的塔庙号召大家彼此合作，与神平起平坐。这事当然不为神灵所容，于是，一夜之间，人们的语言变乱，无法继续合作，导致建造终止。这便是人类文明由统一变为分散的开始。

1.2.2 波斯波利斯宫——波斯帝国的如画江山

波斯波利斯是希腊名称，意指波斯都城（希腊文的“波利斯”与英文的palace（宫殿）相同，也可理解为“波斯宫殿”）。

这座显赫一时的宫殿波斯波利斯宫（图1-2-5）始建于公元前518年，历经3朝近60年时间不断扩建而成。它雄踞于伊朗西南部一块天然石平台上。历史总是循环上演着征服与被征服的戏码，当人们还来不及为新巴比伦的消逝而扼腕叹息时，恢宏大气的波斯波利斯宫便被亚历山大大帝在一夜之间付之一炬了。

图1-2-5 波斯波利斯宫全景

整个建筑群依循地势，布置得错落有致。宫殿西侧发现了两段仪式用的阶梯。阶梯的坡度十分平缓，每级台阶仅高10厘米。拉伸的水平距离不仅加强了时间感，同时也加深了人们对于即将看到或发生的事件的忐忑感。阶梯的交会处竖有“万国门”（图1-2-6）或叫“波斯门”。局部这种层层递进的形式不由得让人想起了苏美尔的山岳台。

阶梯两侧的墙上雕刻了波斯帝国举行隆重典礼时盛大的场面。士兵们手持武器，仆从与各国使者手捧贡品，人们队列整齐，缓缓向觐见大厅走去。从波斯波利斯宫大台阶两侧的壁画（图1-2-7）中，我们可以看到，波斯不仅继承了亚述浮雕对于复杂庞大场面的驾驭能力，同时也吸收了古希腊雕塑的立体感。

图1-2-6　万国门

图1-2-7　波斯波利斯宫大台阶两侧的壁画

也许是受到埃及柱子大厅的启发，波斯波利斯宫内也兴建了两个柱子大厅，最著名的就是王宫西面的“百柱大殿”，或称“宝座大殿”。不同于具有宗教性质的埃及柱厅所要求的庄严肃穆感，用来接见各国使者的波斯柱厅则更需要宽敞明亮的效果。

因此，建筑师采用当地的传统做法，使柱径仅为柱高的1/12，大厅使用面积达到了总面积的95%。柱子的设计（图1-2-8）极尽繁复华丽，其综合了诸多地区建筑风格的建筑母题则昭示了帝国扩张的雄心。例如开槽的圆柱和爱奥尼涡卷来自希腊，仰覆莲的装饰来自埃及，公牛形象的雕塑来自美索不达米亚。

图1-2-8　波斯波利斯宫柱头

如今，只剩下残垣断壁的王宫废墟依然在默默注视着这片土地，它想告诉人们的究竟是帝国曾经的辉煌，还是所有的野心必将归于虚妄的无奈呢？

影响

波斯波利斯宫是古代阿契美尼德帝国的行宫和灵都，兴建于大流士一世在位时的公元前518年。

掌握众多附庸国的波斯帝国皇帝，受美索不达米亚诸都城的启发，将波斯波利斯建成一座拥有众多巨大宫殿的建筑城。整个古城巧妙地利用地形，依山造势，将自然之地理形貌和人类之艺术精华融汇在一起。波斯波利斯古城遗址已经提供了许多关于古代波斯文明的珍贵资料，具有重要的考古价值。

德育知识拓展·古埃及教育

古埃及的教育在漫长的岁月里逐步完备起来。它源于文化，其目的是保留古代传统的精髓，同时对年轻人进行培训，使他们能够生活在这种文化中。

特权阶层（僧侣和贵族）利用闲暇时间总结工人在生产实践中积累的经验，并掌握了初步的科学算术、几何、天文学、建筑学和医学知识。他们垄断了这些知识，仅传授给自己的孩子。根据实际需要，成立各类学校。比如宫殿学校、牧师学校、寺庙学校、文士学校等。宫殿学校是专门为宫殿官员子女设计的学校，牧师学校是专门为高级僧侣的孩子设计的学校，它们都是培养高级统治人才的学校。寺庙学校致力于促进宗教和谐发展，除了写作外，还传授初步的科学知识。除了招收特殊班级的孩子外，文士学校和古老儒家学校还为一些手工业者的孩子提供住宿。这种学校开办的目的是为国家和统治阶级培训官员和写作人员。学生一方面练习整齐优美的书法，同时学习算术、几何和祈祷文。

“以僧侣为师”和“以官员为师”成为古埃及教育的特征。古埃及非常重视道德品质的培养，其教育目标是“尊重阳光，忠于国家，尊重老师和孝顺父母”。受过训练的文士是善良、自我克制和端庄的。古埃及的教育特别重视写作技巧的培养和专业知识的迁移。教育的方法是灌输和惩罚，这常常使孩子厌倦学习，很少关注理论研究。

在古埃及社会中，尽管家庭承担着教育其后代成为合格的社会成员的任务，但教育是整个社会的责任。当时有一句俗语：“培养孩子是整个村庄的责任。”因此，行为不良的孩子首先会给整个家庭蒙羞，然后是整个家族，因为一个孩子带有其近亲的名字，而且他也是该家族的孩子。在古埃及社会，教育受到了如此关注，一些学者曾经认为：“在古埃及社会中，良好的教育比良好的出身和财富更为重要，因为真正的人与教育密不可分。”

德育在古埃及教育中占有重要地位，这是一种务实而审慎的道德。古埃及文化要求的基本美德是勇敢、卓越的品质以及对社会的责任感和个人义务。小学和一些中学的教科书强调对上帝的虔诚，对上帝至高旨意的绝对服从和对国王的忠诚。其他原则和道德原则包括对所有官员的盲目服从，对父母和邻居，特别是穷人的尊重，以及自制。

古埃及的教育也强调耐心、勇敢。这些要素使青少年成为一个成熟的人并能够承担社会应有的负担。在古埃及社会，诚实被视为最重要的素质。“如果孩子给家庭带来耻辱，那么所有父母往往都倾向于有子女还不如无子女。”

建立和发展道德品质是古埃及教育的主要目标。儿童和青少年教育的各个方面或多或少以此为目标。在家庭中，父母关心孩子的成长、行为、诚实和团结。在家庭之外，玩耍、陪伴和沟通等成为塑造角色的真实环境，社交、团结、诚实、勇敢、坚强、毅力和荣誉的概念都是经常需要的，并受到道德监控，这取决于儿童和青少年的智力水平和能力。

古埃及社会如何影响孩子的素质？它来自三个不同方面。第一，父母和长者直接将社会的道德要求教给孩子，因为行为不良的孩子会令家庭蒙羞。因此，如果孩子没有从道德训练中受益，他们将受到父母的严厉惩罚。第二，通过榜样学习道德，特别是从那些在公共生活、国家法律和习俗以及自律方面积累了经验的人。第三，孩子从大量民间故事和谚语中学习道德。实际上，在古埃及社会，讲故事经常被用作教育的工具。

一些学者总结了古埃及教育的目标、方法和内容：“古埃及教育强调社会责任、职业取向、政治参与以及精神和道德价值观。儿童从中学到东西，换句话说，儿童和青少年通过礼节、模仿、朗诵和表演进入参与性教育，他们参与农业、钓鱼、编织、烹饪、搬家等活动。娱乐项目包括摔跤、跳舞、击鼓、杂技、跑步等。智力训练包括历史、诗歌、推理、演讲、讲故事、重复故事等。古埃及的教育仍然很好地结合了体育锻炼和性格塑造、体力活动和智力训练。”

第 2 篇 西方建筑艺术撷英

2.1 古希腊建筑

古代希腊是欧洲文化的发源地，古希腊建筑是欧洲建筑的鼻祖。古希腊建筑艺术经过四个时期发展达到巅峰状态，形成了以柱式为主要结构、以神庙为主要形式的建筑体系，它是古希腊人自然、宗教、哲学观念的产物和载体，在这些观念的影响下呈现出自然、和谐的审美特征。

古希腊人热爱宗教，崇拜天神，所以理所当然，古希腊建筑最大、最漂亮的非希腊神殿莫属。而随着祭祀活动成为全民节庆，规模越来越大，古希腊戏剧从中取材，剧场也应运而生。

2.1.1 帕特农神庙——智慧的结晶

概述

帕特农神庙（图 2-1-1）是希腊祭祀诸神之庙，以祭祀雅典娜为主，又称“雅典娜巴特农神庙”。它位于雅典老城区卫城山的中心，坐落在山上的最高点。神庙背西朝东，呈长方形，耸立于3层台阶上，基座占地面积211.6平方米（约2300平方英尺），有半个足球场那么大。从公元前447年开始兴建，9年后大庙封顶，又用6年时间各项雕刻也宣告完成。但1687年威尼斯人与土耳其人作战，神庙遭到破坏。19世纪下半叶，曾对神庙进行过部分修复，但已无法恢复原貌，现仅留有一座石柱林立的外壳。

图2-1-1　帕特农神庙

特点

神庙用白色大理石砌成，整个庙宇由凿有凹槽的46根高达10.3米(约34英尺)的大理石柱环绕，洁白无瑕的大理石表示对女神雅典娜的尊重。神庙的屋顶是两坡顶，顶的东西两端形成三角形的山墙，上有精美的浮雕。

它采取八柱的多立克式(图2-1-2)，东西两面是8根柱子，南北两侧则是17根，东西宽31米，南北长70米。东西两立面(全庙的门面)山墙顶部距离地面19米，也就是说，其立面高与宽的比例为19∶31，接近希腊人喜爱的“黄金分割比”，难怪它让人觉得优美无比。柱高10.5米，柱底直径近2米，即其高宽比超过了5，比古风时期多利亚柱式通常采用的4∶1的高宽比大了不少，柱身也相应颀长秀挺了一些。这反映了多立克柱式走向古代规范的总趋势。不过它后殿的细长立柱却是爱奥尼亚式的。因此神庙主要是多立克风格，但是爱奥尼亚风格也明显存在。

图2-1-2　多立克柱式

帕特农神庙特别讲究"视觉矫正"的加工,使本来是直线的部分略呈曲线或内倾,因而看起来更有弹力,更觉生动。如对神庙四边基石的直线就略作矫正,中央比两端略高,看起来反而更接近直线,避免纯粹直线所带来的生硬和呆板;相应地,檐部也做了细微调整。这样的细微调整有10处:内廊的柱子较细,凹槽却更多;山墙也不是绝对垂直,而是略微内倾,以免站在地面的观察者有立墙外倾之感等。

殿墙上的雕塑则是用光洁无瑕的帕里斯大理石雕刻,它们尤显珍贵。神庙中还有很多雕刻,如欢快的青年、美丽的少女、献祭的动物等,还有两幅巨大的浮雕:东山墙浮雕(图2-1-3)——雅典娜①的诞生和西山墙浮雕——雅典娜与波塞冬争当守护神的场面。

图2-1-3　东山墙浮雕之女神诞生

影响

帕特农神庙的设计代表了全希腊建筑艺术的最高水平。从外貌看,它气宇非凡,光彩照人,细部加工也精细无比。它在继承传统的基础上又做了许多创新,事无巨细皆精益求精,由此成为古代建筑最伟大的典范之作。

神庙不仅仅表达了对神的尊崇,还体现了雅典民主制的萌芽。在神庙内有一幅巨型壁画(图2-1-4)描述雅典人庆祝节日的盛况,其含义是"所有雅典人的节日",表明神庙的修建是由城邦所有公民直接投票决定的。另外,工程的预算和开支都被刻在石头上,受城邦公民监督。

图2-1-4　巨型壁画

相关知识拓展

①雅典娜(图2-1-5)是希腊人最敬爱的智慧女神,希腊奥林匹斯十二主神之一。传说雅典娜是宙斯与聪慧女神墨提斯之女,但因预言只要是墨提斯所生的子女就会推翻宙斯,所以宙斯便将墨提斯整个吞入了腹中,至此宙斯每日都会有非常严重的头痛。火神赫菲斯托斯接受了宙斯的请求,打开了他的头颅。令人惊讶的是:从宙斯头颅中跳出了一位体态婀娜、披坚执锐的女神,这位光彩照人的女神就是雅典娜。

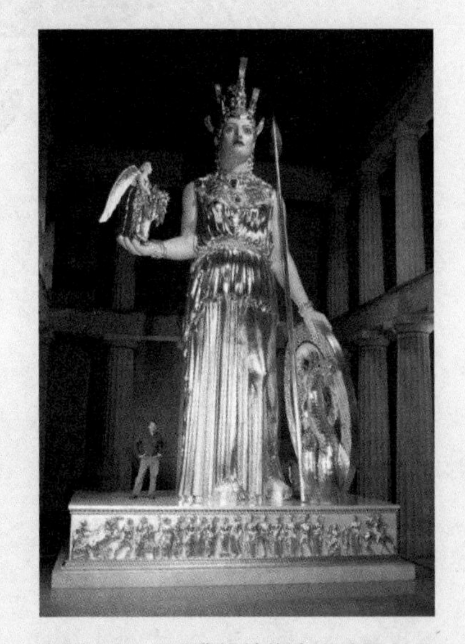

图2-1-5　雅典娜神像全尺寸再制品

希腊神话中,海神波塞冬和智慧女神雅典娜争夺雅典城,主神宙斯裁定:谁能给予雅典人一样有用的东西,城便归谁。波塞冬用他的三叉戟敲击岩石,一匹战马奔腾而出,象征战争;雅典娜用其长矛敲击岩石,岩石上长出一棵油橄榄树,这是和平的象征。雅典人选择了雅典娜,这座神庙便用来供奉城邦的守护神。

2.1.2 希洛德·阿提库斯露天剧场——沧桑之美

希腊希洛德·阿提库斯露天剧场[①](图2-1-6)位于雅典卫城入口的南侧。161年,罗马大帝时代的哲学家阿提库斯为纪念他的妻子而建造了它,至今该建筑仍保存得十分完整,是世界上最古老的剧场,也是同时期杰出的建筑物之一。

图2-1-6 希洛德·阿提库斯露天剧场

267年,剧场受到入侵,又历经无数兴衰及灾难,最后遭遇一场大火将原有的西洋杉屋顶烧毁。在后代的古迹修复中,并没有再修复此被烧毁的屋顶,奢华的剧场逐渐褪色,从此似乎有了一丝荒芜。20世纪50年代时,剧场得到修缮。

希洛德·阿提库斯露天剧场依山而建,有三层楼,共有32排座位,可容纳6000名观众。演出场地是一个直径38米的圆形乐池,观众席是围绕舞台的半圆形阶梯式石座(图2-1-7),舞台背景为罗马式的窗型高墙,壁龛处以雕像作为装饰。

剧场的设置充分体现了当时社会的平等、民主:观众席不设包厢、边座、楼厅,也不设正厅前排。剧场的建筑设计,也展示了古希腊人利用声学原理的高超水平:演员在乐池中小声地说话,哪怕小到如划一根火柴的响声,居然连最后一排的观众都可以听得很清楚。

图2-1-7　半圆形阶梯式石座

影响

古希腊政府发放观剧补贴，鼓励公民看戏，旨在通过演戏来宣传民主政治思想，进行政治教育、道德教育，诸如：发扬民主，反对暴政；反对同室操戈，互相仇杀；抵抗外来入侵，保卫祖国；鼓励敬奉天神，等等。

每年夏季雅典艺术节等现代演出（图2-1-8）大都在这里进行，古典风、潮流范、对古希腊的致意或是这个时代洪流里的涓涓细流，晚风徐徐，靠着圣山，像是梦回到了雅典。

图2-1-8　现代演出

相关知识拓展

①希腊阿提库斯露天剧场在雅典历史上书写过重要的一笔：1826年，交战中被土耳其人包围的雅典卫城，正是通过这座剧场，获得了与外界的联系，从而得到粮食补给。

2.2 古罗马建筑

罗马人是一个冷静、务实的民族，他们的艺术没有希腊艺术的浪漫主义色彩和幻想成分，而是具有写实和叙事性的特征。

同时，罗马艺术也不像希腊艺术那样单纯，它渊源复杂，既受到伊达拉里亚文明的影响，又吸收了希腊、埃及、两河流域地区的文化因素。在同一时期，罗马帝国各地区的艺术风格也各不不同，除了以罗马城为中心的帝国正统艺术外，还存在着多种地方风格。因此，罗马人在审美倾向上也并不是一味追求希腊式的，归纳起来有以下几点：第一，强调现实意义，注重功利；第二，强调个性、写实；第三，针对大众实用和个人实用，关注现实生活；第四，注重性格和情感表达，追求宏大、华丽的目标。

2.2.1 君士坦丁凯旋门——拼贴着古罗马雕刻艺术

概述

古罗马时代共有21座凯旋门，现今罗马城中仅存3座，君士坦丁凯旋门(图2-2-1)就是其中之一。建于315年的君士坦丁凯旋门，是罗马城现存的三座凯旋门中年代最晚的。它是为庆祝君士坦丁大帝于312年彻底战胜他的强敌马克森提，并统一帝国而建的。

凯旋门位于古罗马角斗场西侧，是一座三个拱门的凯旋门，高21米，面阔25.7米，进深7.4米。由于它调整了高与阔的比例，横跨在道路中央，显得形体巨大。上方的浮雕板是当时从罗马其它建筑上直接取来的，主要内容为历代皇帝的生平业绩，下面则是君士坦丁大帝的战斗场景。凯旋门的里里外外装饰了各种浮雕(图2-2-2)，这些保存着罗马帝国各个重要时期的雕刻，形成了一部生动的罗马雕刻史。

图2-2-1　君士坦丁凯旋门

图2-2-2　浮雕

特点

凯旋门在315年开始建造，用罗马水泥建成，其上的雕塑多为浮雕，且多半是从当时罗马帝国的其他建筑上搜集而来，直接组合拼装成的。最为著名的是凯旋门顶端的八块浮雕，它们是从马克·奥尔略皇帝纪念碑上拆卸而来，如今被珍藏在卡匹托尔博物馆。而每根圆柱顶端的囚犯大理石雕像（图2-2-3）则很可能来自图拉真广场。君士坦丁凯旋门集合了众多时代的罗马雕塑，平衡了众多的雕塑风格，在静态中展现自己的恢宏气质。

图2-2-3　囚犯大理石雕像

影响

君士坦丁凯旋门的浮雕表现了这个时代的艺术特点，那就是秩序和服从。由于这些浮雕，这座凯旋门成为艺术史上最有争议的一座建筑物，历史上存在着两种截然相反的评价。在20世纪之前，学者们普遍认为这些浮雕是粗制滥造的产物。

从严格意义上来说，君士坦丁凯旋门之上，并没有基督教的任何痕迹。这座凯旋门留给我们梦想的力量，也让我们探寻的欧洲历史有了一条从野蛮到文明的线索。

相关知识拓展

据说当年，拿破仑·波拿巴来到罗马，见到了这座凯旋门，大为赞赏，而这座凯旋门也成为法国巴黎凯旋门的蓝本。

2.2.2　斗兽场——古罗马永恒的标志

概述

罗马斗兽场（图2-2-4）的真实名称叫“佛拉维欧圆形剧场”，建于72—80年，是古罗马帝国专供奴隶主、贵族和自由民观看斗兽或奴隶角斗的地方，是古罗马文明的象征。遗址位于意大利首都罗马市中心，在威尼斯广场的南面，古罗马市场附近。

图2-2-4　罗马斗兽场

罗马斗兽场是罗马帝国内规模最大的一个角斗场，从外观上看，呈正圆形；俯瞰时，它是椭圆形的。它的占地面积约2万平方米，长轴187米，短轴155米，周长527米。中央的"表演区"长轴86米，短轴54米，地面铺上地板，外面围着层层看台。观众席大约有60排座位，逐排升起，分为五区。前面一区是荣誉席，最后两区是下层群众的席位，中间是骑士等地位比较高的公民席位。荣誉席比"表演区"高5米多，下层观众席位和骑士席位之间也有6米多的高差，社会上层的安全措施很严密。最上一层观众席背靠着外立面的墙。观众席总的升起坡度接近62度，观览条件很好。在观众席上还有用悬索吊挂的天篷，这是用来遮阳的；而且天篷向中间倾斜，便于通风。这些天篷由站在最上层柱廊的水手们像控制风帆那样操控。夜幕下的斗兽场，如图2-2-5所示。

图2-2-5　夜幕下的斗兽场

特点

这个用石头建起的罗马斗兽场，由石灰华(10万立方米，采自提维里附近的采石场，通过一条特殊的马路运至罗马)构成，它是罗马最大的环形竞技场。

斗兽场外围墙高57米，相当于现代19层楼房的高度。该建筑为4层结构(图2-2-6)，外部全被大理石包裹着。下面3层的环形拱廊，每层80个拱，形成三圈不同高度的环形券廊(即拱券支撑起来的走廊)，其柱形极具特色，按照多立克式、爱奥尼式和科林斯式的标准顺序排列，最高的第4层则是50米高的实墙，以小窗和壁柱装饰。在第4层的房檐下面排列着240个中空的突出部分，它们是用来安插木棍以支撑露天剧场的遮阳帆布，帮助观众避暑、避雨和防寒，这样一来大斗兽场便成为一座1世纪的透明圆顶竞技场。

斗兽场表演区的"地下迷宫"(图2-2-7)隐藏着很多洞口和管道，这里可以储存道具和牲畜，以及角斗士，表演开始时再将他们吊到地面上。斗兽场还可以利用输水道引水，248年就曾将水引入表演区，形成一个湖，表演海战的场面，来庆祝罗马建成1000年。

图2-2-6　内部结构

图2-2-7　"地下迷宫"

影响

斗兽场在建筑史上堪称典范的杰作和奇迹，以庞大、雄伟、壮观闻名于世。现在虽只剩下大半个骨架，但其雄伟之气魄、磅礴之气势依然可见。

斗兽场的整体结构类似于今天的体育场，它的建筑设计理念并不落后于现代的。事实上，每一个现代化的大型体育场都或多或少地烙上了一些古罗马斗兽场的设计风格，或许现代体育场的设计思想就是源于古罗马的斗兽场。

相关知识拓展

罗马斗兽场实际上是一片断垣残壁。曾是无数动物、斗士和囚犯的葬身地，开幕式百天庆典死了9000头野兽，至今约50万人命送“表演”中。如今，通过电影和历史书籍等媒介，我们能更深切地感受到当时在这里发生的人与兽之间的残酷格斗和搏杀，而这一切，只是为了给作壁上观的观众带来一些原始而又野蛮的快感。

2.2.3　万神庙——古罗马美学的至高峰

概述

罗马万神庙(Pantheon，又名万神殿)(图2-2-8)位于意大利首都罗马圆形广场的北面，是罗马最古老的建筑之一，也是古罗马建筑的代表作。

图2-2-8　罗马万神庙

万神庙是供奉众神的寺庙，以罗马的“万神庙”最为著名。此庙始建于公元前27年，后遭毁，约118年重建。它是由水泥浇筑成的圆形建筑，上覆直径43米的半球形穹隆顶。

万神庙采用了穹顶覆盖的集中式形制，重建后的万神庙是单一空间、集中式构图的建筑物的代表，它也是罗马穹顶技术的代表。万神庙是古代建筑中最为宏大，保存近乎完美的，同时也是历史上最具影响力的建筑之一。

特点

万神庙屋顶(图2-2-9)是圆形的,穹顶直径达43.3米,顶端高度也是43.3米。按照当时的观念,穹顶象征天宇。穹顶(图2-2-10)中央开了一个直径8.9米的圆洞,可能寓意着神的世界和人的世界的某种联系。穹顶的材料有混凝土、砖等,混凝土用浮石作骨料。为了减轻穹顶重量,越往上越薄,下部厚5.9米,上部1.5米,并且在穹顶内面做五圈深深的凹格,每圈28个。

图2-2-9　万神庙俯视图

图2-2-10　中央穹顶

从万神庙模型剖切图(图2-2-11)可知:万神庙面阔33米,正面有长方形柱廊,柱廊宽34米,深15.5米;有科林斯式石柱16根,分三排,前排8根,中、后排各4根。柱身高14.18米,底径1.43米,用整块埃及灰色花岗岩加工而成。柱头和柱础则是白色大理石。山花和檐头的雕像,大门扇、瓦、廊子里的天花梁和板,都是铜做的,包着金箔。

外墙面划分为3层,下层贴白大理石,上两层抹灰,第三层有薄壁柱作装饰。下两层是墙体,第三层包住穹顶的下部,所以穹顶没有完整地表现出来。

神庙本身正面也呈长方形,内部为由8根巨大拱壁支柱承

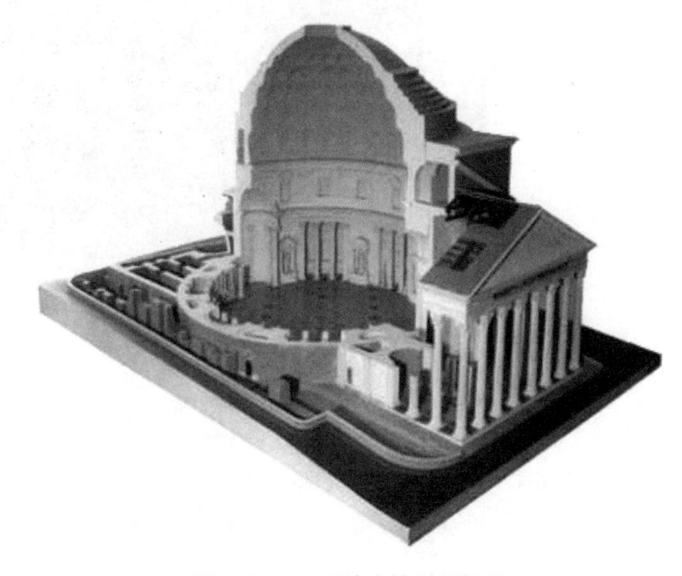

图2-2-11　万神庙模型剖切图

荷的圆顶大厅。大厅直径与高度均为43.3米，四周墙壁厚达6.2米，外砌以巨砖，但无窗无柱。据说，万神庙是第一座注重内部装饰胜于外部造型的罗马建筑，但原有部分青铜与大理石雕刻或失于外国掠夺或移用于后建的罗马建筑，外部的瑰丽红石也已不翼而飞，失去昔日的风采。现唯神庙入口处的两扇青铜大门为至今犹存的原物，门高7米，宽而厚，是当时世界上最大的青铜门。

影响

虽然万神庙是献给所有的天神的，它也曾供奉过古罗马最伟大的两位英雄的铜像，即恺撒和奥古斯都(屋大维)。皇帝们也曾经在庙里举行过一些政治性的公共活动。

万神庙自文艺复兴时期以来就是伟人的公墓，这里埋葬的除了维克多·埃马努埃莱二世外，还有意大利著名的艺术家拉斐尔等人。

万神庙是意大利的一个教堂，这里定期举行弥撒以及婚礼庆典，但同时它又是世界各国游客竞相参观的对象，是建筑史上重要的里程碑。

相关知识拓展

罗马皈依天主教后，万神庙曾一度被关闭。609年，教皇博理法乔四世将它改为“圣母与诸殉道者教堂”。到了近代，它又成为意大利名人灵堂，国家圣地。

2.3　拜占庭建筑

拜占庭式建筑是一种以基督教为背景的建筑艺术形式。从历史发展的角度来看，拜占庭建筑是在继承古罗马建筑文化的基础上发展起来的，同时，由于地理关系，它又吸取了波斯、两河流域、叙利亚等东方文化，形成了自己的建筑风格。该建筑具有鲜明的宗教色彩，其特点是：屋顶造型普遍使用“穹隆顶”；整体造型中心突出；开创了把穹顶支承在独立方柱上的结构方法和与之相应的集中式建筑形制；在色彩的使用上，既变化又统一，使建筑内部空间与外部立面显得灿烂夺目。

2.3.1 圣索菲亚大教堂——拜占庭帝国的灵魂

概述

圣索菲亚大教堂[①](图2-3-1)是典型的拜占庭式建筑,位于今土耳其伊斯坦布尔,有1500多年的历史。在1453年以前,它一直是拜占庭帝国的主教堂,此后被土耳其人占领,改建为清真寺。

图2-3-1 圣索菲亚大教堂

圣索菲亚大教堂在希腊语里的意思是"上帝智慧",教堂里供奉着正教基督教神学里的耶稣(图2-3-2)。圣索菲亚大教堂是东正教的中心教堂,是拜占庭帝国极盛时代的纪念碑。在该教堂伫立的地点曾经存在过两座被暴乱摧毁的教堂,532年拜占庭皇帝下令建造第三所教堂。刚竣工时的圣索菲亚大教堂是巴西利卡形制的大教堂,它保持着世界上最大教堂的地位近千年,直到1519年被塞维利亚主教堂取代。

图2-3-2 教堂内壁画上的耶稣

特点

圣索菲亚大教堂是集中式的，东西长77.0米，南北长71.0米。中央穹隆突出，四面体量相仿但有侧重，前面有一个大院子，正南入口有两道门庭，末端有半圆神龛。中央大穹隆（图2-3-3）直径32.6米，穹顶离地54.8米，通过帆拱支承在四个大柱墩上。其横推力由东西两个半穹顶及南北各两个大柱墩来平衡。穹隆底部密排着一圈（40个）窗洞，教堂内饰（图2-3-4）有金底的彩色玻璃镶嵌画。装饰地板、墙壁、廊柱是五颜六色的大理石，柱头、拱门、飞檐等处以雕花装饰，圆顶的边缘是40盏吊灯，教坛上镶有象牙、银和玉石，大主教的宝座以纯银制成，祭坛上悬挂着丝与金银混织的窗帘，上有皇帝和皇后接受基督和玛利亚祝福的画像。

图2-3-3　中央大穹隆

图2-3-4　教堂内饰

影响

因巨大的圆顶而闻名于世的圣索菲亚大教堂，是一个“改变了建筑史”的建筑典范。它是世界上唯一由神庙改建为教堂，并由教堂改为清真寺，直至1934年被世俗化，现在是土耳其伊斯坦布尔的一所博物馆的建筑。

圣索菲亚大教堂是君士坦丁堡牧首的圣座，成为正教会的焦点近千年。作为近500年来伊斯坦布尔最重要的清真寺，圣索菲亚大教堂是众多奥斯曼帝国时期清真寺的楷模。成为博物馆之后的圣索菲亚教堂被改名为阿亚索菲拉博物馆，实际上该博物馆的展品主要就是建筑物自身以及其中的镶嵌画艺术品。

相关知识拓展

①圣索菲亚大教堂是2008北京奥运火炬传递在伊斯坦布尔的起跑点。作为世界上十大令人向往的教堂之一，圣索菲亚大教堂与蓝色清真寺隔街相望。

2.3.2 圣瓦西里大教堂——一个用石头描绘的童话

概述

圣瓦西里大教堂①(图2-3-5)位于俄罗斯首都莫斯科市中心的红场南端，紧挨克里姆

图2-3-5 圣瓦西里大教堂

林宫。

1553—1554年为纪念伊凡四世战胜喀山汗国而建圣瓦西里大教堂，由7个木制小教堂组成，并于1555—1561年奉命改建为9个石制教堂。该教堂造型别致，多奇异雕刻，主台柱高57米，为当时莫斯科最高的建筑。教堂的名字根据当时伊凡大帝非常信赖的一位修道士瓦西里的名字而取。

特点

圣瓦西里大教堂是俄罗斯东正教堂，显示了16世纪俄罗斯民间建筑艺术风格。八个塔楼的正门均朝向中心教堂内的回廊，因此从任何一个门进去都可参观教堂内全貌。教堂外面四周全部有走廊和楼梯环绕。

教堂外部(图2-3-6)：整个教堂由9座塔楼巧妙地组合为一体，在高高的底座上耸立着8个色彩艳丽、形体丰满的塔楼，簇拥着中心塔。中心塔从地基到顶尖高47.5米，鼓形圆顶金光灿灿；棱形柱体塔身上层刻有深龛，下层是一圈高高的长圆形的窗子。其余8个塔的排列是：外圈东西南北方向各一个较大的塔楼，均为八角棱形柱体。在此4个塔楼之间的斜对角线上是4个小塔楼，8个塔楼的正门均朝向中心教堂内的回廊，教堂外面四周全部有走廊和楼梯。

图2-3-6　教堂俯视图

教堂内部(图2-3-7)几乎在所有过道和各小教堂门窗边的空墙上都绘有16—17世纪的壁画。殿堂分作上下两层。与中心教堂相通的8个小教堂面积比较大，其中东南塔内面积只有12平方米。

图2-3-7　教堂内饰

影响

俄国在“十月革命”以前是一个政教合一的国家。东正教会在推行沙皇的政治主张方面不遗余力，沙皇在抵御周边国家、异教国家的侵扰，以及后来的对外扩张中也都是以东正教为旗帜，征服喀山亦是如此。因此可以说，征服喀山，既是政治军事上的胜利，也是宗教上的胜利。

圣瓦西里大教堂的建立，标志着莫斯科成为俄国的宗教和政治中心，它是俄罗斯民族摆脱外族统治、完成统一大业，继而逐渐走向强大，直至建立多民族的中央集权国家的里程碑。

相关知识拓展

①因曾有一个名叫瓦西里的修士在这个教堂苦修，最终死于该教堂而得名。“伯拉仁内”在俄语里是仙逝的意思。

传说在战争中，俄罗斯军队由于得到了8位圣人的帮助，战争才得以顺利进行。为纪念这8位圣人才修建了这座教堂，8个塔楼上的8个圆顶分别代表一位圣人，而中间那座最高的教堂冠则象征着上帝的至高地位。教堂建成后，为了保证不再出现同样的教堂，伊凡大帝残酷地刺瞎了所有建筑师的双眼，伊凡大帝也因此背负了“恐怖沙皇”的罪名。

2.4　罗马风建筑

罗马风建筑又称罗马式建筑，晚于古罗马建筑，主要出现在10—12世纪。在建筑活动中，不仅重新发掘使用了许多古罗马高超的技术与手法，而且许多建筑构件和材料也直接取自古罗马的废墟。因此这些建筑物均带有许多古罗马的造型元素。史家称其为罗马风建筑。

罗马风建筑在欧洲几乎随处可见，且各有其神采特色与地方情调。它是欧式基督教教堂的主要建筑形式之一。罗马风建筑的特征是：线条简单、明快，造型厚重、敦实，其中部分建筑具有封建城堡的特征，是教会威力的化身。

2.4.1　比萨主教堂——托斯卡纳的大客厅

概述

比萨主教堂[①]（图2-4-1）位于意大利托斯卡纳省省会比萨，是意大利罗马风教堂建筑的典型代表。主教堂始建于1063年，另外还有一个圆形的洗礼堂和一个钟塔，构成一个建筑群（图2-4-2）。在这个建筑群中，洗礼堂位于主教堂前面，与教堂在同一中轴线上，钟塔在教堂的东南角，这两个圆形建筑一大一小，一矮一高，一远一近，与主教堂生动和谐地组合在一起。

图2-4-1　比萨主教堂

图2-4-2　建筑群模型

教堂平面呈长方形的拉丁十字，长95米，纵向4排68根希腊科林斯式圆柱，纵深的主殿与宽阔翼廊衔接的空间为一椭圆形拱顶所覆盖。主殿（图2-4-3）用轻巧的列柱支撑着木架

结构屋顶，祭司和主教的席位在中堂的尽头。圣坛的前面是祭坛，是举行仪式的地方，为了使它更开阔，在半圆形的圣坛与纵向的中堂之间安插一个横向的凯旋门式的空间。教堂正立面高约32米，底层入口设有3扇大铜门，上有描写圣母和耶稣生平事迹的各种雕像。大门上方是几层连列券顶柱廊，以细长圆柱的精美拱券为标准，逐层堆积为长方形、梯形和三角形等形式。教堂外墙用红白相间的大理石装饰，色彩鲜艳夺目。

图2-4-3　教堂主殿

特点

比萨主教堂的建筑样式并不是纯粹的巴西里卡式，而是含有罗马式风格的一种建筑样式。

为了防御外敌，当时的宫殿或教会建筑，都筑成城堡样式，在封建割据的年代里，差不多所有宫廷住宅与教会建筑都筑造得极其厚实，教堂的旁边要加筑塔楼。于是，在筑墙时，把建筑的全面承重改为重点承重，因而出现了承重的墩子或者扶壁与间隔轻薄的墙；同时创造了肋料拱顶。

一般的教堂，平面仍呈巴西里卡式，但加大翼部，成了明显的十字架形，而十字交叉处从平面上看，由于上有突出的圆形或多边形塔楼，渐渐接近正方形。比萨教堂略为例外，它建于1063—1092年间，平面虽是巴西里卡式，其中央通廊上面是用木屋架，然其券拱结构由于采用层叠券廊，罗马风特征依然十分明显。

影响

意大利比萨主教堂①是意大利著名的宗教文化遗产，是意大利罗曼式教堂建筑的典型代表。比萨广场上的这个建筑群耗时288年才完成，是意大利中世纪最重要的建筑群（图2-4-4）之一，也是比萨城的标志性建筑。比萨主教堂是罗马—比萨艺术的最高杰作，花了50年才建成。

图2-4-4　广场上的建筑群

就教堂本身来说，比萨斜塔的名气似乎更大一些。它历经多年，塔斜而不倒，被公认为世界建筑史上的奇迹。其实，它只是比萨大教堂的一座钟楼，因其特殊的外形、历史上与伽利略的关系而名声大噪。这些宗教建筑都对意大利11—14世纪间的教堂建筑艺术产生了极大影响。

相关知识拓展

①比萨主教堂讲教坛旁边天花板下的一盏青铜灯，就是伽利略发现"钟摆等时性"原理的那盏吊灯。

传说1590年，出生在比萨城的意大利物理学家伽利略，曾在比萨斜塔上做自由落体实验，由此发现了自由落体定律，推翻了此前亚里士多德认为的重的物体会先到达地面，落体的速度同它的质量呈正比的观点。

2.4.2　亚琛大教堂——德国建筑和艺术历史的第一象征

概述

亚琛大教堂（又称巴拉丁礼拜堂）（图2-4-5），位于德国最西部的城市亚琛市，是德国著名的教堂，现存加洛林王朝时期建筑艺术最重要的范例，也是著名的朝圣地。

785年，查理曼大帝下令建造了亚琛的宫廷礼拜堂，即遗留至今的"亚琛大教堂"，805年亚琛大教堂被定为主教教堂。1414年和1884年又分别在两侧加建圣坛，1669年加盖拱顶八角形建筑，近150年来又多次进行大规模修复。这座教堂把欧洲晚期古典主义建筑艺术和拜占庭建筑艺术糅合在一起，成为一座风格独特的伟大建筑。

图2-4-5　亚琛大教堂

特点

该座宫廷教堂整体结构呈长方形，屋顶为拱形。它的内部结构以日耳曼式圆拱顶(图2-4-6)为主要特色，用色彩斑斓的石头砌成。礼拜堂高达39米，在许多世纪中一直是德国的最高建筑。内部用古典式圆柱装饰。教堂大门和栅栏则为青铜式建筑，也是现存加洛林朝代唯一的青铜制品，风格古典，据鉴定可能出自伦巴第工匠之手。

图2-4-6　教堂圆拱顶

教堂的核心建筑是夏佩尔宫，夏佩尔宫是当时阿尔卑斯山北部最大的圆顶形建筑，是一座八角形的风格独特的建筑物，装饰华丽。它成功地融合了古典建筑、拜占庭式建筑及哥特式建筑的艺术风格。夏佩尔宫在欧洲历史上占有极重要的地位：从936—1531年的近600年间，亚琛大教堂是32位德国国王加冕及多次帝国国会和宗教集会的所在地，在中世纪时夏佩尔宫又添加了许多华丽的装饰。

这座具有独特风格的建筑，有许多高耸的尖塔，门洞四周环绕数层浮雕和石刻。在夏佩尔宫里，陈列着神圣罗马帝国皇帝腓特烈一世赠送的烛台。走廊里陈放着当时查理曼大帝[1]的大理石宝座，唱诗班席里也存放着查理曼大帝的金圣物箱，保存着他的遗物。此外，教堂里还有不少精美绝伦的壁画（图2-4-7）、青铜器、象牙器、金银工艺品和出自名家之手的宗教艺术品。亚琛大教堂的艺术财富被认为是北部欧洲最重要的教会艺术宝藏。

图2-4-7　教堂内马赛克画

 影响

亚琛大教堂被人们视为奇迹，并加以膜拜。同时它也表达了西方皇帝试图与罗马帝国的皇帝平起平坐、分庭抗礼的愿望。大教堂是一件艺术杰作，对古典主义之后形成并繁荣起来的新文化发展，起了决定性的作用。直到中世纪晚期，许多皇家建筑都采用了它的模式，在宫廷内建造教堂，成为宗教与政治合一的权力象征。亚琛大教堂现已被列入世界遗产名录。

相关知识拓展

①1988年，德国考古学家秘密开启教堂内的一只金色圣物箱，并发现了遗骨。在进行26年研究后，2014年2月4日，苏黎世大学解剖学教授弗兰克·吕厄宣布："我们可以说，所有的可能性都指向，它就是查理曼的遗骨。"

查理曼大帝又称卡尔大帝或查理大帝，是法兰克王朝和加洛林王朝的国王，曾控制大半个欧洲，后被教皇利奥三世加冕为"神圣罗马帝国的皇帝"，是扑克牌中红桃K的原型。

2.5 哥特式建筑

2.5.1 巴黎圣母院——石头筑成的宏大交响乐

概述

巴黎圣母院大教堂（图2-5-1）是一座位于塞纳河畔、巴黎市中心西堤岛上的哥特式基督教教堂建筑，是天主教巴黎总教区的主教座堂。它的地位、历史价值无与伦比，是历史上最为辉煌的建筑之一。

巴黎圣母院始建于1163年，是巴黎大主教莫里斯·德·苏利决定兴建的。整座教堂在1345年全部建成，历时180多年。建筑总高度超过130米，是欧洲历史上第一座完全哥特式的教堂，具有划时代的意义，也是巴黎历史悠久最具代表性的古迹。巴黎圣母院以祭坛、回廊、门窗等处的雕刻和绘画艺术，以及堂内所藏的13—17世纪的大量艺术珍品而闻名于世，是古老巴黎的象征。虽然这是一幢宗教建筑，但它闪烁着法国人民的智慧，反映了人们对美好生活的追求与向往。

图2-5-1　巴黎圣母院

特点

巴黎圣母院全部采用石材，其特点是高耸挺拔，辉煌壮丽，整个建筑庄严和谐。雨果在《巴黎圣母院》里将该建筑比喻为“石头的交响乐”。

圣母院平面呈横翼较短的十字形，坐东朝西，正面风格独特，结构严谨，看上去十分雄伟庄严。

巴黎圣母院正面高69米，被三条横向装饰带划分为三层。底层有3个桃形门洞（图2-5-2），门上于中世纪完成的塑像和雕刻品大多被修整过。巨大的门洞四周布满了雕像，一层接着一层，石像越往里层越小。拱门上方为众王廊（图2-5-3），陈列旧约时期28位君王的雕像。“长廊”上面第二层两侧为两个巨大的石质中棂窗子，中间是彩色玻璃窗。第三层是一排细长的雕花拱形石栏杆。左右两侧顶上就是后来竣工的塔楼，没有塔尖。其中一座塔

图2-5-2　桃形门洞

图2-5-3　众王廊

楼悬挂着一口大钟，也就是《巴黎圣母院》中卡西莫多敲打的那口大钟。中庭的上方有一个高达90米的尖塔。塔顶是一个细长的十字架，远望仿佛与天穹相接，据说，耶稣受刑时所用的十字架及其冠冕就在这个十字架下面的球内封存着。

教堂内饰（图2-5-4）极为朴素，庄严肃穆，几乎没有什么装饰。教堂的内部，无数垂直的线条引人仰望，数十米高的拱顶在幽暗的光线下隐隐约约，闪闪烁烁，加上宗教的遐想，似乎上面就是天堂。主殿翼部的两端都有玫瑰花状的大圆窗，上面都是13世纪时制作的富丽堂皇的彩绘玻璃书。北边那根圆柱上是著名的"巴黎圣母"像。这尊像造于14世纪，先是安放在圣埃娘礼拜堂，后来才被搬到这里。南侧玫瑰花形圆窗，这扇巨型窗户建于13世纪，但在18世纪时被修复，上面刻画了耶稣基督在童贞女的簇拥下行祝福礼的情形。其色彩之绚烂、玻璃镶嵌之细密，给人一种似乎一颗灿烂星星在闪烁的印象，它把五彩斑斓的光线射向室内的每一个角落。

图2-5-4　教堂内饰

 影响

巴黎圣母院是巴黎第一座哥特式建筑，集宗教、文化、建筑艺术于一体，原为纪念罗马主神朱庇特而建造，随着岁月的流逝，逐渐成为早期基督教的教堂。

它是欧洲建筑史上一个划时代的标志。在它之前，教堂建筑大多数笨重粗俗，沉重的拱顶、粗矮的柱子、厚实的墙壁、阴暗的空间，使人感到压抑。巴黎圣母院冲破了旧的束缚，创造一种全新的轻巧的骨架券，这种结构使拱顶变轻了，空间升高了，光线充足了。这种独特的建筑风格很快在欧洲传播开来。

巴黎圣母院的主立面是世界上哥特式建筑中最美妙、最和谐的，水平与竖直的比例近乎黄金比1∶0.618，立柱和装饰带把立面分为9块小的黄金比矩形，十分和谐匀称。后世的许多基督教堂都模仿了它的样子。

相关知识拓展

2019年4月15日晚18时50分许，巴黎圣母院塔楼起火（图2-5-5），一小时后火情迅速蔓延。当地时间2019年4月16日上午，大火扑灭，火灾持续14小时。2019年5月10日，法国国民议会开始审议巴黎圣母院重建法案，各界承诺为重建巴黎圣母院捐款的金额已近10亿欧元。当地时间8月6日，巴黎圣母院屋顶设计大赛中，中国建筑师蔡泽宇和李思蓓提出的“巴黎心跳”方案获得冠军。

图2-5-5　巴黎圣母院大火

2.5.2　米兰大教堂——世界第二大教堂

概述

米兰大教堂（图2-5-6），位于意大利米兰市，是米兰的主教座堂，意大利著名的天主教堂，也是世界五大教堂之一，规模居世界第二。米兰大教堂是世界上最大的哥特式建筑，有“米兰的象征”之美称。于1386年开工建造，1500年完成拱顶，1774年完成最高的哥特式塔尖上的镀金圣母玛利亚雕像（图2-5-7）。

1813年教堂的大部分建筑完工，1897年最后完工，历时5个世纪。1965年教堂正面最后一座铜门被安装，才算全部竣工。拿破仑曾于1805年在米兰大教堂举行加冕仪式。

图2-5-6　米兰大教堂

图2-5-7　镀金圣母玛利亚雕像

特点

米兰大教堂建筑风格十分独特，上半部分是哥特式的尖塔，下半部分是典型的巴洛克式(Baroque)风格，从上而下充满雕塑，极尽繁复精美。教堂整个外观(图2-5-8)极尽华美，主教堂用白色大理石砌成，是欧洲最大的大理石建筑，有"大理石山"之称。教堂长158米，最宽处93米，塔尖最高处达108.5米。总面积11700平方米，可容纳35000人。整个建筑呈拉丁十字形，长度大于宽度。

教堂的特点在它的外形。外部的扶壁、塔、墙面都是垂直向上的垂直划分，细节顶部为尖顶，整个外形充满着向上的升腾感，这些都是哥特式建筑的典型外部特征。尖拱、壁柱、花窗棂，有135个尖塔，像浓密的塔林刺向天空，并且在每个塔尖上有神的雕像。教堂的外部有2000多个雕像，甚为奇特。如果算上内部雕像，总共有6000多个雕像，是世界上雕像最多的哥特式教堂。因此教堂建筑格外显得华丽热闹，具有世俗气氛。这个教堂有一个高达107米的尖塔，出于公元15世纪意大利建筑巨匠伯鲁诺列斯基之手。塔顶上有圣母玛利亚雕像，金色，在阳光下显得光辉夺目，神奇而又壮丽。整个建筑外部分布着雕刻精美的窗花格，全长约1千米。

图2-5-8　教堂俯视图

教堂的大厅（图2-5-9）有显著的哥特式风格建筑的特点：中厅较长而宽度较窄，长约130米，宽约59米，两侧支柱的间距不大，形成自入口导向祭坛的强烈动势。中厅很高，顶部最高处距地面45米。宏伟的大厅被4排柱子分开，大厅圣坛周围支撑中央塔楼的四根柱子，每根高40米，直径达到10米，由大块花岗岩砌叠而成，外包大理石。

图2-5-9　教堂大厅

教堂内部全由白色大理石筑成。厅内全靠两边的侧窗采光，窗细而长，上嵌彩色玻璃，光线幽暗而神秘。两柱之间的彩色玻璃大窗是哥特式建筑的显著装饰特色之一。米兰大教堂的玻璃窗（图2-5-10）可能是全世界最大的，高约20米，共有24扇，主要以耶稣故事为主题。

最不能错过的地方是教堂的顶层，教堂有6座石梯和两部电梯通往屋顶，顶上纵横交错着33座石桥，连接堂顶各个部分，登上堂顶可鸟瞰全市风光，在晴朗的日子里，还可以看到远处绵延到马特峰的阿尔卑斯山脉风光。

图2-5-10　彩色玻璃窗

影响

米兰大教堂是世界上最大的哥特式建筑，是世界上最大的教堂之一，规模雄踞世界第二，仅次于梵蒂冈的圣彼得教堂，同时也是世界上影响力最大的教堂之一。

米兰大教堂在宗教界的地位极其重要，著名的《米兰敕令》就在这里颁布的，使得基督教合法化，成为罗马帝国国教。在这里达·芬奇·布拉曼特曾为他画过无数设计草稿，为使得大教堂更加壮丽。拿破仑曾在这里加冕，达·芬奇为这座建筑发明了电梯。米兰大教堂也是世界上雕塑最多的建筑和尖塔最多的建筑，被誉为大理石山。米兰大教堂也是天主教米兰总教区的主教堂，米兰教区则是世界上最大的教区。米兰大教堂不仅仅是一个教堂，一栋建筑，它更是米兰的精神象征和标志，也是世界建筑史和世界文明史上的奇迹。

相关知识拓展

一直以来，一些闻名于世的神父，选择了安葬在米兰大教堂之下，所以米兰大教堂可以堪称神圣的殿堂。教堂大厅里供奉着15世纪时米兰大主教的遗体，头部由白银筑就，躯体是主教真身。

传说屋顶藏有一枚钉死耶稣的钉子，教徒们为纪念耶稣，每年要取下钉子朝拜三天。当时著名科学家和画家达·芬奇为取送这枚钉子而发明了升降机。

屋顶上还有一小洞，地上固定着一根金属嵌条，每天中午阳光由小洞射入，正好落在金属条上，被称为“太阳钟”。它建于1786年，300多年每天都可准确地标出正午时分。

2.5.3　科隆大教堂——哥特时代完美的句号

概述

科隆大教堂[①](图2-5-11),是位于德国科隆的一座天主教主教座堂,是科隆市的标志性建筑物。

图2-5-11　科隆大教堂

在所有教堂中,它的高度居德国第二(仅次于乌尔姆市的乌尔姆大教堂),为世界第三。论规模,它是欧洲北部最大的教堂。它被誉为哥特式教堂建筑中最完美的典范,集宏伟与细腻于一身。它始建于1248年,工程时断时续,至1880年才由德皇威廉一世宣告完工,耗时超过600年,至今不断修缮。

教堂占地8000平方米,建筑面积约6000平方米,东西长144.55米,南北宽86.25米,面积相当于一个足球场。除两座高塔外,教堂外部还有多座小尖塔烘托。教堂四壁装有描绘《圣经》人物的彩色玻璃(图2-5-12);钟楼上装有5座响钟,最重的达24吨,响钟齐鸣,声音洪亮。科隆大教堂内有很多珍藏品。

图2-5-12　玻璃壁画

特点

科隆大教堂是由两座最高塔为主门、内部以十字形平面为主体的建筑群。一般教堂的长廊多为东西向三进，与南北向的横廊交会于圣坛成十字架；科隆大教堂为罕见的五进建筑，内部空间（图2-5-13）挑高又加宽，高塔将人的视线引向上天，直向苍穹，象征人与上帝沟通的渴望。自1864年科隆发行彩票筹集资金至1880年落成，它不断被加高加宽，而且建筑物全由磨光石块砌成，16万吨石头如同石笋般，整个工程共用去40万吨石材。教堂中央是两座与门墙连砌在一起的双尖塔，南塔高157.31米，北塔高157.38米，教堂外形除两座高塔外，还有1.1万座小尖塔烘托。双尖塔像两把锋利的宝剑，直插云霄。科隆大教堂至今依然是世界上最高的教堂之一，并且每个构件都十分精确，时至今日，专家学者也没有找到当时建筑的计算公式。

图2-5-13　科隆大教堂内部

影响

科隆大教堂是科隆的骄傲，也是科隆的标志。它以轻盈、雅致闻名于世，是中世纪欧洲哥特式建筑艺术的代表作，也是世界上最完美的哥特式教堂建筑。从建筑规模和装饰艺术质量来看，科隆大教堂均胜过它之前所有的哥特式建筑，因而使它成为世界上最著名的教堂之一。它与巴黎圣母院大教堂、罗马圣彼得大教堂并称为欧洲三大宗教建筑。

除了有重要的建筑和艺术价值外，它还是欧洲基督教权威的象征。

相关知识拓展

①科隆大教堂由两座孪生的连体高塔组成，整个教堂是灰褐色的，左塔(北塔)有半截呈银白色，在夕阳的照耀下，一个鲜亮白净，一个灰头土脸，显得泾渭分明。原来，科隆是欧洲最重要的工业基地，也是德国最大的褐煤生产基地。泛酸的空气侵蚀着教堂的每一块石头，大教堂建成仅160多年，由于长期受到工业废气和酸雨的污染、腐蚀，双塔由原来的银白色变成了黑褐色。

后来市议会决定保留双塔被污染了的黑褐色，以引起世人对环保工作的重视，增强人们的环保意识。大教堂的"阴阳脸"，促使科隆市政府出台了一系列政策措施，减少和消除污染，保护好世界历史文化遗产和历史文化名城。

2.6　文艺复兴时期的建筑

文艺复兴时期的建筑始于14世纪的意大利，是随文艺复兴运动而诞生的建筑风格。这一风格辉煌了将近两百年，在欧洲建筑史上占据极为重要的地位。文艺复兴开始后，教会分崩离析，新兴资产阶级迅速崛起，整个社会开始空前地关注"人"本身，科学精神与人文理念蓬勃发展，整个社会与城市都沉浸在追求理性主义的狂欢之中。文艺复兴的主题是对中世纪神权至上的批判和对人本主义的追求。因此，代表黑暗教会势力的哥特式建筑风格被人们摒弃，简洁明朗、开阔大气的传统建筑重回主流。

文艺复兴建筑可以用三个词来概括：罗马、理性和匀称。建筑一方面向古希腊、古罗马建筑溯源，另一方面弘扬理性精神，减少繁复无用的装饰。同时，文艺复兴时期的建筑师对建筑比例有着不可侵犯的追求，建筑的整体往往构图严谨、比例和谐、用色典雅，如法国枫丹白露宫(图2-6-1)。起初大多数文艺复兴建筑集中在佛罗伦萨，到16世纪，其中心转移到罗马，并形成帝国般的宏大规模，这也是文艺复兴的高潮。

在文艺复兴思潮的影响下，科技、人文、艺术各方面均有飞跃式的发展，这是一个天才辈出的时期。这一时期的建筑师们大多博学多才、身兼数职，他们一方面严格运用古典柱式，另一方面又大胆创新，将各种地区的风格融合到古典柱式中。此外，建筑师们还勇于吸纳新时代的各种科技成果，如力学的成就、绘画中的透视规律、新的施工器具等，都被运用到建筑的实践中。

图2-6-1　法国枫丹白露宫

正是这些天才的出现，改变了建筑师的社会地位。文艺复兴时期，建筑师第一次作为一个正式的职业在欧洲的历史舞台上扮演了重要的角色。对此，房龙说过，文艺复兴时期“建筑师不再是建筑工人，而是个艺术家。从此以后，他在一个建筑物上使用的体力，不过是削削铅笔之劳而已。这一变化你们可能认为不重要，但却对以后的建筑有着深远的影响”。

2.6.1　圣马可广场——欧洲最美的客厅

 **概述**

圣马可广场（图2-6-2）是威尼斯[①]的中心广场，大部分建成于文艺复兴时期，它是为威

图2-6-2　圣马可广场

尼斯总督府和圣马可教堂塑造景观而建造的。这是一个自由开放的广场,充满了人文关怀和人道主义理念,包容各种艺术,堪称文艺复兴时期广场建筑美学的经典代表,被誉为世界上最卓越的建筑群之一。

特点

圣马可广场包括了大广场和小广场两部分(图2-6-3)。大广场东西向,小广场南北向。大广场是梯形的,长175米,东边宽90米,西边宽56米,总面积为12800平方米。大广场的四面都是建筑:东端是11 世纪造的拜占庭式的圣马可教堂,西端原本是12世纪下半叶造的圣席密尼阿诺教堂,该教堂于1807年被拆掉,取而代之的是一幢两层的建筑物,北侧是旧市政厅大厦,南侧是斯卡莫齐设计的新市政大厦。小广场位于总督府与圣马可图书馆之间,同大广场相垂直。小广场平面也是梯形的,南端开敞处朝着威尼斯大运河[②]。

图2-6-3　圣马可大、小广场

圣马可广场并不算十分开阔,没有一株绿色植物点缀,更没有彰显君王神威的雕塑。从空中鸟瞰,你甚至会误认为这不过是一个朴素无华的小院落。然而一旦亲身体验你便会被这种丰富的空间变化所打动。你必须经过城市中相对逼仄、曲折的巷道到达广场。一走进广场,眼前便豁然开朗,别有洞天。在相对封闭的广场中信步,又似乎被钟塔(图2-6-4)和敞廊引入另一处空间。绕过这两处,便来到开敞的小广场。放眼望去,两侧连绵的长廊和尽端的一对柱子仿佛是一个画框,将远处的小岛、碧波、白鸥通通框成了一幅画。微风徐徐,景色如画,人的心境也在此情此景中得到升华。广场空间收放自如,景致妙趣横生,颇有中国园林艺术的风范。

图2-6-4　圣马可广场钟塔

圣马可广场恰如一幕精彩的舞台剧,广场上的建筑都忠实地扮演着各自的角色。高耸入云的钟塔像男人一般威严雄伟,教堂犹如妙龄的女子,明艳热情。图书馆、总督府等如单纯的孩童,安静地充当着背景与陪衬。

广场建筑群中最引人注目的就是圣马可教堂(图2-6-5)。由于文艺复兴思潮的影响,艺术家们以美观为城市设计的主要原则,对于形式并没有太多的拘泥,圣马可教堂正是在这样一种背景下诞生的。从8世纪到19世纪,圣马可教堂一直处于不断地装饰和修复中,文艺

图2-6-5　圣马可教堂

复兴时期对这座教堂的改造使它成为集拜占庭式、哥特式和文艺复兴式等各种流派于一体的综合艺术杰作。从外观上来看，圣马可教堂的五座圆顶仿自土耳其伊斯坦布尔的圣索菲亚大教堂，正面的华丽装饰源自拜占庭风格，但建筑结构又呈希腊十字形，教堂集东西方建筑特色于一体。最有意思的是，自1075年起，所有从海外返回威尼斯的船只都必须缴一件珍贵的礼物，用来装饰这间“圣马可之家”，因而圣马可教堂内部珍藏了来自世界各地的艺术收藏品。

影响

作为历史上威尼斯的政治、宗教和节庆中心，圣马可广场在威尼斯人的生活中有着不可替代的作用。此外，意大利人有一个习俗，在广场上约会亲友，因而广场就相当于是城市的客厅。后来市政大厦和图书馆的底层被改造成书店、酒吧、咖啡店、画廊等，更为广场增添了几分生活气息。1797年拿破仑[3]攻占威尼斯后，曾赞叹“圣马可广场是欧洲最美的客厅”和“世界上最美的广场”。这座集浪漫的奇幻水城、威严的海上帝国、华丽的艺术殿堂、风流的诗画场所于一体的广场，是文艺复兴盛期的杰作。

相关知识拓展

①威尼斯：位于意大利东北部，是世界闻名的水乡，也是意大利的历史文化名城，世界上唯一没有汽车的城市。城内古迹众多，有各种教堂、钟楼、男女修道院和宫殿百余座。大水道是贯通威尼斯全城的最长的街道，它将城市分割成两部分，顺水道观光是游览威尼斯风景的最佳方案之一。

②威尼斯大运河：威尼斯有一条长4千米、宽30—60米的主运河，与177条支流相通，全城由118个小岛组成，城市里有2300多条水巷。威尼斯大运河被誉为威尼斯的水上“香榭丽舍”大道。文艺复兴时代，许多伟大的艺术家都在这些教堂里面留下了不朽的壁画和油画作品，至今仍吸引着世界各地的无数游客和艺术家。此外，遍及运河两岸的店铺、市场以及银行等，也给这个水上大都市增添了无穷的活力。

③拿破仑：拿破仑·波拿巴（1769—1821年），19世纪法国伟大的军事家、政治家，法兰西第一帝国的缔造者。颁布了《拿破仑法典》，完善了世界法律体系，奠定了西方资本主义国家的社会秩序。

2.6.2 卢浮宫——博物馆之王

概述

卢浮宫(图2-6-6),又译为罗浮宫,位于法国巴黎市中心的塞纳河北岸,位居世界四大博物馆之首。始建于1204年,原是法国的王宫,有50位法国国王和王后居住过,是法国文艺复兴时期最珍贵的建筑物之一,以收藏丰富的古典绘画和雕刻而闻名于世。

图2-6-6 卢浮宫

1204年,为了保卫北岸的巴黎地区,菲利普二世在这里修建了一座通向塞纳河的城堡,主要用于存放王室的档案和珍宝,当时就称为卢浮宫。1546年,法王法兰西斯一世决定在原城堡的基础上建造新的王宫,此后经过9位君主不断扩建,历时300余年,形成一个呈U字形的宏伟辉煌的宫殿建筑群。至1793年8月10日,卢浮宫艺术馆正式对外开放,成为一个博物馆。

卢浮宫博物馆,历经800多年扩建、重修达到今天的规模,占地约198公顷,分新老两部分。卢浮宫的整体建筑呈“U”形,全长680米。卢浮宫正门入口处的透明金字塔建筑是于1989年为纪念法国大革命200周年修建的,是华裔设计师贝聿铭设计的。卢浮宫平面如图2-6-7所示。

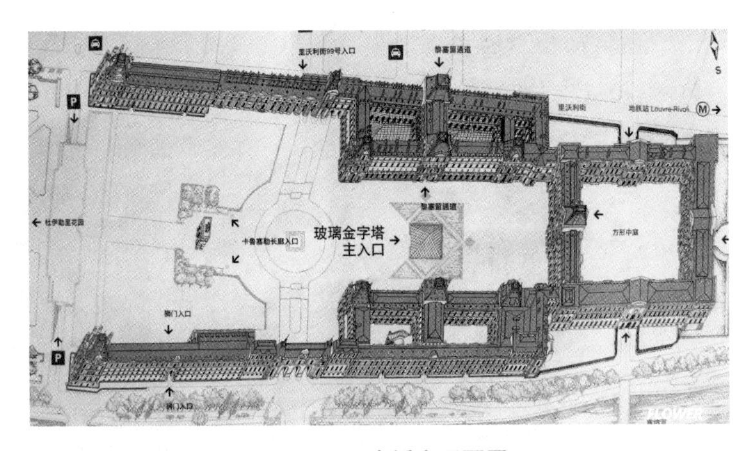

图2-6-7　卢浮宫平面图

特点

1546年，法王法兰西斯一世在原有哥特式建筑的位置上重新建造宫殿，就是现在卢浮宫的西南一角。这个设计采用了16世纪法国最流行的文艺复兴府邸的形式，平面布置成一个带有角楼的封闭的四合院。

1624年，法王路易十三扩建卢浮宫，向北延长了西面已建成的部分，完全照样造起了对称的一翼，并加上了中央塔楼，成为西南的主体。内院（图2-6-8）的立面还保留着原状。这一部分共有九个开间，第一、第五、第九的三个开间向前凸出，形成了立面的垂直划分部分，它们的上面有弧形的山墙。这种处理，虽然完全用的是柱式，却是法国的传统手法。阁楼的窗子不再是一个个独立的老虎窗，而是连成一个整齐的立面，好像是第三层楼。中央塔楼部分比两侧高起一层，屋顶也特别强调法国的传统做法，重点很突出。

图2-6-8　卢浮宫内院

整个立面的装饰很精致，由下向上逐渐丰富。第一层是科林斯柱式，在檐壁上有些浮雕；第二层是混合柱式，檐壁上的浮雕比第一层的深，而且窗子上的小山花里也刻着精致的浮雕。阁楼的窗间墙上布满了雕刻，它的檐口上也有一排非常细巧的装饰。这些装饰均出自名家之手。

路易十四时期，重新改建宫院的南面、北面和东西的建筑物外立面，于是建成了闻名的卢浮宫东廊（图2-6-9）。卢浮宫东廊的设计与建造是完全遵循古典主义原则进行的。东立面总长172米，从现在的地面算起，高29米。在建造的时候，因为有护壕，所以下面还有一段大块石的墙基。这个立面横向分成五部分，但是整个立面很长，因此，立面上占主导地位的是两列长柱廊，中央部分和两端仅仅以它们的实体来对比衬托这个廊子。廊子用了14个有凹槽的科林斯双柱，柱子高约12.2米，贯通第二、第三层，而第一层则作为基座处理，以增加它的雄伟感。这个东立面是皇宫的标志，它摒弃了烦琐的装饰和复杂的轮廓线，以简洁和严肃的形象取得了纪念性的效果。用同样的手法又重建了卢浮宫院的南、北两个立面。

图2-6-9　卢浮宫东廊

在这个立面上，柱式构图是很严格的，它的主要部分的比例保持着简单的整数比，具有精确的几何性。它是古典主义的唯理主义思想的具体表现，以冷冰冰的计算代替了生动的造型构思。

17—18世纪，古典主义思潮在全欧洲占统治地位时，卢浮宫的东立面极受推崇，人们普遍认为它恢复了古代“理性的美”，它成了18世纪和19世纪欧洲宫廷建筑的典范。

影响

卢浮宫的规模是巨大的，在技术与艺术上都集中了当时匠师们的最高成就，同时也充分反映了法国古典主义建筑的特征。

卢浮宫目前已改为法国国家艺术博物馆，珍藏着世界许多珍贵的艺术品，著名的古希腊维纳斯雕像[①]、意大利文艺复兴时期杰出的艺术家达·芬奇所作的《蒙娜丽莎》[②]都珍藏在这里。

20世纪80年代末，法国政府提议扩建卢浮宫，并聘请贝聿铭[③]建筑师进行设计，这就是闻名的新卢浮宫金字塔方案，虽然它也曾引起轩然大波，但最后经法国政府批准，仍于20世纪90年代初建成。卢浮宫不仅是一座古典主义建筑艺术的里程碑，而且也是一座享誉世界的艺术殿堂。

相关知识拓展

①断臂维纳斯：断臂维纳斯已经是世界家喻户晓的青春美的女神雕像。大理石雕，高204厘米。相传是古希腊亚历山德罗斯于公元前150年至公元前50年雕刻的。其雕像于1820年2月发现于爱琴海的希腊米洛斯岛一座古墓遗址旁，是一尊手臂残缺的大理石雕塑。雕像为半裸全身像，面容俊美，身材匀称，衣衫滑落至髋部，右臂残缺，仍展示出女性特有的曲线美，显得端庄而妩媚。法国重金收买后陈列在卢浮宫特辟的专门展室中，雕像以其绝世魅力震惊了世界，从此，“断臂维纳斯”就著称于世，成为爱与美的象征。

②蒙娜丽莎（图2-6-10）：《蒙娜丽莎》是意大利文艺复兴时期画家达·芬奇创作的油画，法国国王弗朗索瓦一世于1518年获得此画，受到当时艺术家们的广泛好评，该作品折射出来的女性的深邃与高尚的思想品质，反映了文艺复兴时期人们对于女性美的审美理念和审美追求。

图2-6-10　蒙娜丽莎

③贝聿铭：美籍华人建筑师，1983年普利兹克奖得主，被誉为“现代建筑的最后大师”。贝聿铭为苏州望族之后，出生于广东省广州市。贝聿铭作品以公共建筑、文教建筑为主，被归类为现代主义建

筑，善用钢材、混凝土、玻璃与石材，代表作品有美国华盛顿特区国家艺廊东厢、法国巴黎卢浮宫扩建工程、中国香港中国银行大厦、苏州博物馆、卡达杜哈伊斯兰艺术博物馆。

2.6.3 凡尔赛宫——几何化花园

概述

闻名遐迩的凡尔赛宫是法王路易十四[①]和路易十五[②]时期古典主义建筑的代表作，位于巴黎西南郊外约18千米的凡尔赛镇。1979年被列入《世界文化遗产名录》。建造时间从1661年开始，直到1756年才基本结束。

凡尔赛原来是一个帝王的狩猎场，在巴黎西南18千米处。法王路易十三曾在这里建造过一个猎庄，平面为三合院式，开口向东，建筑物是砖砌的，外形是早期文艺复兴的式样，还带有浓厚的法国传统。

路易十四有意保留这所古老的三合院砖建筑物，并且使它成为未来的庞大的凡尔赛宫的中心。这就是后来的“大理石庭院”(图2-6-11)。

图2-6-11　凡尔赛宫中心“大理石庭院”

凡尔赛宫的规模和面貌发生改变主要是在1678—1688年间。由学院派古典主义的代表者设计凡尔赛宫的西北两端，使它成为总长度略超过400米的巨大建筑物。在中央部分的西面，补造了凡尔赛宫最主要的大厅——73米长的镜厅。

凡尔赛宫整个宫殿和花园的建设完成，随即成为欧洲最大、最雄伟、最豪华的宫殿建筑，并成为法国乃至欧洲的贵族活动中心、艺术中心和文化时尚的发源地。在其全盛时期，宫中居住的王子王孙、贵妇、亲王贵族、主教及其侍从、仆人竟达36000名。

特点

凡尔赛宫包括了宫殿、花园与放射性大道三部分。其中宫殿南北总长约400米。主要设计师为J.H.孟莎。立面采用传统的三段式处理，严格按照比例划分，立面的纵向和横向都分为三段，建筑左右对称，整体造型的轮廓干净利落，具有法国文艺复兴时期的建筑风格，被称为理性美的代表。宫殿的中央部分供国王和王后起居和工作，南翼供王子、公主、亲王和王妃等使用，北翼是办公室。凡尔赛宫内部的装饰风格以巴洛克风格为主，少数是洛可可风格。（这两种风格均将在2.7中详细介绍。）

凡尔赛宫的正面入口，是三面围合的小广场，即“大理石庭院”。中央的建筑保留原来的红砖墙面，并增加大理石雕塑和镀金装饰。庭院地面用红色大理石装饰。庭院正面一层为玛丽·安托瓦内特的私室和沙龙，二层为国王寝室。

凡尔赛宫最著名的大厅是镜厅（图2-6-12），又称镜廊，西邻花园，由敞廊改建而成。镜厅长76米，高13米，宽10.5米，一面是面向花园的17扇巨大落地玻璃窗，另一面是由400多块镜子组成的巨大镜面。厅内地板为细木雕花，墙壁以淡紫色和白色大理石贴面装饰，柱子为绿色大理石。柱头、柱脚和护壁均为黄铜镀金，装饰图案的主题是展开双翼的太阳，表示对路易十四的崇敬。天花板上为24个巨大的波希米亚水晶吊灯，以及歌颂太阳王功德的油画。大厅东面中央是通往国王寝宫的四扇大门。路易十四时代，镜廊中的家具以及花木盆景装饰也都是纯银打造，这里经常举行盛大的化装舞会。

图2-6-12　凡尔赛宫镜厅

凡尔赛主殿前面的法兰西式大花园很有名气，风格独特。花园（图2-6-13）建于1667年，由勒诺特设计建造，总面积有6.7平方千米，纵轴长3千米。园内种植了许多美丽的花草树木，站在园中远眺，优美的湖光，繁茂的树木，拂面的清风，点点的白帆，风景简直美不胜收。凡尔赛宫的风格与中国古典园林截然不同，其平面极其讲究几何化，并且严格对称，有一种人工雕琢出的匠心独具的美。花园内还有森林、花径、温室柱廊、神庙、村庄、动物园和众多散布的大理石雕像。

图2-6-13　凡尔赛宫花园

凡尔赛宫的东面广场有三条放射性的大道，中央一条大道通向巴黎市区的叶丽赛大道和卢浮宫。在三条大道的起点，夹着两座单层的御马厩，这御马厩是石头造的，像贵族府邸一样讲究精致，甚至还用雕刻装饰起来。这将专制君主的穷奢极欲表露无遗。放射性的大道是新的城市规划手法，它也反映了唯理主义的思想与巴洛克的开放特点。凡尔赛宫全景，如图2-6-14所示。

图2-6-14　凡尔赛宫全景

凡尔赛宫是法国绝对君权的纪念碑。它不仅是帝王的宫殿,而且是国家政府的中心,是新的生活方式和新的政治观点的最完全、最鲜明的表现。为了建造凡尔赛宫,当时曾集中了3万劳力,组织了建筑师、园艺师和各种技术匠师参与。除了建筑物本身复杂的技术问题之外,还有引水、喷泉、道路等各方面的问题。这些工程问题的解决,证明了17世纪后半叶法国财富的集中和技术的进步,也体现了工程技术人员和工匠在建筑史上所做出的贡献。

凡尔赛宫经过数代建筑师、雕刻家、装饰家、园林建筑师的不断改进、润色,一个多世纪以来,一直是欧洲王室宫殿的第一典范。由于它有着宏伟壮丽的外观和严格规则化的园林设计,几百年来欧洲皇家园林几乎都遵循了它的设计思想。

相关知识拓展

①路易十四:路易十四(1638—1715),是波旁王朝的国王。1643—1715年执政,在位长达72年,是法国在位时间最长的君主之一,也是有确切记录在欧洲历史中在位最久的独立主权君主。路易十四曾向康熙派出使节,他们带来了浑天器等30箱科学仪器,献上金鸡纳霜,并用它治好了康熙的疟疾,帮康熙就中俄东北边界问题进行谈判,还参与绘制中国史上首份现代化全国地图《皇舆全览图》。路易十四甚至还给康熙写过一封私人信件。

②路易十五:路易十五(1710—1774),法国国王,在1715—1774年执政。他在执政早期受到法国人民的喜爱,神奇地延续着整个濒死的家庭,但他无力改革法国君主制,也不愿改变他在欧洲的绥靖政策,于是失去了人民的支持,并且死后成为法国最不得人心的国王之一。

2.7 巴洛克建筑、洛可可建筑

巴洛克建筑风格的诞生地是17世纪的意大利,它是在文艺复兴古典建筑的基础上发展起来的。由于当时刻板的古典建筑教条已使创作受到了束缚,加上社会财富的集中,需要在建筑上有新的表现。因此,首先在教堂与宫廷建筑中发展起了巴洛克建筑风格。这种思潮很快在欧洲流行起来。巴洛克建筑风格的特征是大量运用自由曲线,追求动态感;喜好富丽的装饰、雕刻与色彩;爱用互相穿插着的曲面与椭圆形空间。巴洛克风格建筑,典型的如威尼斯安康圣母教堂(图2-7-1)。

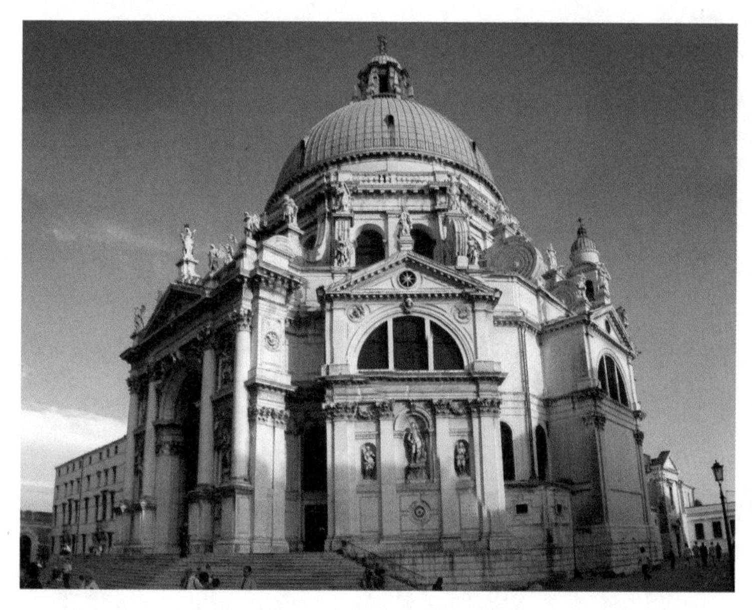

图2-7-1　威尼斯安康圣母教堂

“巴洛克”一词的原意是“不规则的珍珠”,就是稀奇古怪的意思。因为古典主义者对巴洛克建筑风格离经叛道的行径深表不满,于是给了它这种称呼,并一直沿用至今。其实,这种称呼并不是很公正。巴洛克风格产生的原因很复杂,最初它出现在罗马天主教教堂建筑上,随后这种网格逐渐影响到其他艺术领域。

巴洛克建筑自问世以后,影响深远而广泛,直到20世纪,欧美许多国家的建筑中还多多少少可见巴洛克的手法,可见其生命力之旺盛。但史学家们历来对巴洛克建筑风格褒贬不一,有人称其为欧洲最伟大的建筑风格,又有人说巴洛克建筑风格是堕落而媚俗的。一方面,巴洛克建筑敢于破旧立新,创造独特的艺术形象,而且善于从城市空间的大范围整体规划广场与道路,这种设计思路至今仍有借鉴意义;但另一方面,后期的巴洛克建筑过分追求雍容华贵,因此在形式上过于怪诞,装饰过分,毫无节制,最终流于烦琐堆砌,完全失去最初的韵味,彻底沦为虚伪夸张的庸俗品。我们要以辩证的眼光来评价巴洛克建筑风格。

洛可可风格在18世纪20年代产生于法国,它是在意大利巴洛克建筑的基础上发展起来的,主要用于室内的装饰,有时也表现在建筑的外观上。

起初,洛可可风格是指对中国假山形态的模拟,设计师们用贝壳和石块堆砌起岩状砌石,这与法语单词Rcaille的意思相关。后来洛可可则延伸为泛指一切以贝壳曲线为主题的装饰名称。有人认为,洛可可艺术的烦琐复杂类似于中国清代艺术。

洛可可的特征有以下几点:

1. 喜用曲线。洛可可室内装饰(图2-7-2)和家具造型上爱用贝壳、旋涡、蔓叶、山石作为装饰题材,卷草舒花,缠绵盘曲,反复以C形、S形和涡旋状曲线纹饰装饰表面。

图2-7-2　洛可可室内装饰

2. 追求动感。室内装饰和建筑通常遵循非对称法则,造出轻快又富有动感的韵律。

3. 色彩艳丽。爱用嫩绿、粉红、玫瑰红等娇艳的浅色调,象牙白和金黄也是流行色。除此之外,经常运用镜子和水晶灯来强化光泽闪烁的效果。

4. 崇尚自然。但这“自然”是经人工刻意雕琢的。

5. 戏谑和飘逸的意象。

如果艺术也有着性别之分,那么17世纪的巴洛克艺术体现的是男性的庞大庄重、生机勃勃,18世纪的洛可可艺术则展示着女性的柔和纤弱、千娇百媚。有别于巴洛克雄伟的宫殿建筑,洛可可建筑艺术多反映在轻结构的花园式别墅上。有人将法国的“洛可可”看作是意大利“巴洛克”风格的晚期,认为洛可可即是巴洛克的瓦解和颓废,这种见解也不无道理。但无论在气质上还是在形态上,洛可可终究是与巴洛克截然不同的一种风格,正如柔媚不同于伟毅,艳丽不同于辉煌。洛可可的格调并不是英雄的引吭高歌,更接近于美人的浅吟低唱。

2.7.1　罗马耶稣会教堂——第一座巴洛克建筑

概述

罗马耶稣会教堂被称为第一座巴洛克建筑(图2-7-3),由著名建筑师和理论家维尼奥拉设计,建于1568—1584年。

图2-7-3 罗马耶稣会教堂

特点

教堂的平面是由哥特式教堂演变而来的拉丁十字，以利于举行中世纪的天主教仪式。内部中厅十分宽阔，取消常用的侧廊，两侧代之以两排小祷告室。在十字的正中升起一座庄严的穹顶，气势宏伟。

教堂的立面受早期文艺复兴大师阿尔伯蒂设计的佛罗伦萨圣玛利亚小教堂影响，借鉴了其中一些处理手法，别开生面。正门上面采用三角形和弧形双重山花，两侧同时使用倚柱和扁壁柱，两两一组，共六组，将水平方向分为五段。两侧的一对大涡卷托起正中心的大山花。外立面多以精美的雕像线脚将建筑衬托得纤秀华丽，内部空间多以黄金、壁画装饰，富丽堂皇。教堂内部拥有号称全罗马最繁复的巴洛克式祭坛。

影响

罗马耶稣会教堂的造型新颖，处理手法新颖，后来被广泛效仿。

2.7.2 圣彼得广场——世界上最华丽的广场

概述

圣彼得广场这个集中了各个时代精华的广场，可容纳50万人，位于梵蒂冈的最东面，因广场正面的圣彼得大教堂而出名，是罗马教廷举行大型宗教活动的地方。

1656年，在圣彼得大教堂①落成30年后，教皇亚历山大七世要求建筑师贝尔尼尼建造一座广场，并期望这是一座“教皇无论在教堂门前还是在教皇宫楼上的窗前，都能让最广大的人民群众看到并接受他赐福的广场”。

身为巴洛克之父的贝尔尼尼[2]精心设计了12年，打造出世界最华丽的广场之一，这便是圣彼得广场（图2-7-4）。很难想象，距今450年以前，贝尔尼尼是怀着怎样一种崇高的敬意，用他的才华灌溉着整座广场，乃至每一处小细节都仿佛绽放着艺术之花。

图2-7-4　圣彼得广场

特点

广场略呈椭圆形，长340米，宽240米。地面铺砌了黑色小方石块，其中心区由一片白色大理石铺就，高高的方尖碑伫立在此。圣彼得广场的两侧由两组半圆形的大理石柱廊环抱（图2-7-5），形成三条走廊，整体气势恢宏。两组柱廊共四排，有284根圆柱和88根方柱，这些石柱宛如4人一列的队伍排列在广场两边。

图2-7-5　圣彼得广场柱廊

据记载,广场中间高达25.5米的方尖碑(图2-7-6)自公元37年来到罗马后,由于技术原因无法竖立,在泥土之中沉睡了1500多年,直到1586年才由丰塔纳利用起重装置将其立起来。

图2-7-6　圣彼得广场方尖碑

据贝尔尼尼的设计,站在广场中心的白色区域向四周看去,每一排的四根石柱都完全重合在一起,而伴随着太阳的运转,那高耸的方尖碑也成了一根巨大的日晷。围绕着方尖碑,散布着一块块雕有不同图案的圆石雕像,雕像口中吐出的风向为游人指明了方位。教皇的书房在面对教堂右侧的建筑顶层里,每逢周日正午教皇都会在书房的窗前露面,大家聚集在广场上便可亲耳聆听教皇的教诲。

影响

梵蒂冈是世界天主教的中心,圣彼得广场和它周围布满文艺复兴时期珍品的建筑群,教皇宫、政府大楼、梵蒂冈博物馆、梵蒂冈图书馆等充满宗教色彩的地方,具有很强的吸引力,每年都有2000多万朝拜者和旅游者来这里。

相关知识拓展

①圣彼得大教堂:圣彼得大教堂又称圣伯多禄大教堂、梵蒂冈大殿。由米开朗琪罗设计,是位于梵蒂冈的一座天主教宗座圣殿,建于1506—1626年,为天主教会重要的象征之一。

作为杰出的文艺复兴建筑和世界上最大的教堂，总面积2.3万平方米，主体建筑高45.4米，长约211米，最多可容纳近6万人同时祈祷，只不过必须衣冠整齐并通过安检才可以进入教堂。

②贝尔尼尼：贝尔尼尼（1598—1680），意大利著名雕塑家、建筑家，以提倡华丽、夸张为特点的巴洛克式艺术著称于世，代表作有《四河喷泉》《阿波罗与达芙妮》等。60年的艺术生涯中他曾为8位教皇服务过，由于作品数量多而精美，他被称作巴洛克艺术之父。

2.7.3　协和广场——历史的见证

概述

协和广场（图2-7-7）位于巴黎市中心，塞纳河北岸，是法国最著名的广场。协和广场始建于1755年，设计师是雅克·昂日·卡布里耶。卡布里耶当时身份尊贵，是路易十五宫廷的皇家建筑师，这项工程历经20年，于1775年竣工。建造之初是为了向世人展示皇帝至高无上的王权，取名“路易十五广场”。大革命时期，它被称为“革命广场”，被法国人民当作展示王权毁灭的舞台。1795年改称“协和广场”，1840年重新整修，形成了现在的规模。

图2-7-7　协和广场

最初，卡布里耶设计的协和广场是八角形的，长360米，宽210米，总面积为8.4万平方米。为使广场看起来更为宏大和壮阔，卡布里耶将协和广场设计为一个完全开放式的广场，远远看去，广场与天际连为片，协调且宽广。

建成后的广场南北长245米，东西宽175米，四角略开敞，广场的界线由栏杆限定，各个方向都没有明显的建筑物遮挡。广场的四周矗立着8座雕像(图2-7-8)，代表着19世纪法国最大的8个城市，其中西北是鲁昂、布雷斯特，东北是里尔、斯特拉斯堡，西南是波尔多、南特，东南是马赛、里昂。

图2-7-8 协和广场雕像

广场正中原本有标志性的路易十五骑马雕像，高13米，后来被埃及总督于1831年赠送给法国的方尖碑所取代。在1835—1840年，广场上增添了两座喷泉，北边是河神喷泉，南边是海神喷泉，这两座喷泉都是罗马圣彼得广场喷泉的复制品。方尖碑投影在协和广场上，正如指针在钟面上行走，点点滴滴，记录着时间流逝。

广场位于巴黎市中心，在此，你既可眺望远处的绿叶花影，又可俯瞰塞纳河的潋滟波光，其景令人神往。然而漫步其中，你又会别有一番滋味在心头。协和广场虽然名字寓意一片太平，其实却见证了诸多血雨腥风，它就像个饱经风霜的永生者，每道皱纹都是一段刀光剑影的辛酸回忆。

广场最初是为歌颂路易十五而建，被命名为“路易十五广场”。然而这位得意的君王哪能料想到三年之后竟爆发法国大革命，他的铜像被人们推倒，基座被改造为断头台，他的继位者及其王后在此断送了性命，后来此地改名为“革命广场”。

短短几十年间，广场的断头台上葬送了几辈豪杰。路易十六、丹东、罗伯斯庇尔，这三个曾把握法国命运的人，死于同一个刽子手，死在同一座广场上。战争结束后，广场被重建，为纪念战争结束，和平年代到来，广场最后易名为“协和广场”。历史远去，然而协和广场的记忆永不磨灭，它将随着时间之河奔腾不息，永久流传。

德育知识拓展·西方教育

在我们的印象中，西方教育就是轻松快乐的，学生没有太多的作业，有更多的娱乐时间，能充分发挥自己的兴趣特长。事实真是这样吗?

其实，小孩子的痛苦我们都深有体会。作为家长，看着孩子背着一大袋书去上学，放学回家又有增无减地背回来了。可想而知他们的作业负担多么重，小孩子根本没有娱乐时间，做自己喜欢做的事情，更别说自己的兴趣爱好了。很多学生从小学开始，就开始备战高考了。到高考的时候，你十二年的学识都在这里展现，来兑换你上大学的通行证。

在很多人的眼中，考上了一所好的大学，就意味着前途一片光明!

这就是中国的教育现状!

那么西方的教育又是怎样的呢? 为什么会有“快乐、轻松”一说呢?

有很多中国人会去外国留学，留学一段时间之后，发现西方的教育真的是好啊。在那里学习，他们没有多大的压力，有一个非常宽松的环境，学校鼓励发展自己的兴趣爱好。这些人回国之后，就将国内的教育和西方的教育相比，宣传西方的教育是如何好。但时间长了，家长发现，孩子的成绩正在逐渐下滑。由于经常受表扬，孩子忽视了自己的不足，付出的努力也逐渐少了，最终他们明白西方的教育并不全是“轻松和快乐的”。

西方教育中，同样也存在公立学校和私立学校，跟我们不同的是，西方的公立学校很多是放养式的，学费也很便宜。但私立学校学费贵，教学很严格，基本上是跟我们的教育差不多。

为什么社会精英大部分是从私立学校走出来的呢? 公立学校只是教授给你基本的社会知识，私立学校教的不仅是基本的知识，更重要的是培养你成为社会精英。要想成为社会精英，并不那么轻松，需要认真、刻苦地学习。英国普通初级中学的毕业考试就相当于我们的中考，其难度甚至高于比我们的中考，只有拿到这个等级之后，你才能够进入下一个阶段的学习。

那些所谓“轻松快乐”的西方教育确实是有的，那其实被我们深深误解的。西方有钱人都选择私立学校，跟我国的情况相反，那些能够进入哈佛这些名校的学生大部分是通过认真努力学习一步一步爬上去的。

西方早就意识到了这种纵容式教育的弊端，前英国教育大臣就表示要学习中国式的教育，不要浪费过多的时间在课堂上。任何一种教育都有弊端和优势，能达到平衡且适合自己的才是最好的!

东方建筑艺术

3.1 中国宫殿建筑

宫殿建筑又称宫廷建筑，是传统建筑的精华。从远古的夏朝开始，中国经历了20多个朝代，数百位皇帝出现在历史这个大舞台上，又穿梭而过。朝代更迭，每个皇帝都不惜工本为自己修宫造殿，以此来巩固自己的统治，突出皇权的威严，满足精神生活和物质生活的享受。这些宫殿大都规模巨大，气势雄伟，展示着中国几千年来不断发展和完善的宫殿建筑艺术。下面举例介绍一下中国宫殿建筑的特点及作用。

3.1.1 北京故宫——无与伦比的杰作

北京故宫（图3-1-1）位于北京市中心，旧称紫禁城[①]，是明清两代的皇宫，是我国现存规模最大、最完整的古建筑群。

故宫始建于明永乐四年至十八年（1406—1420），后经多次重修与改建，仍保持原有布局。故宫占地72万多平方米，建筑面积约15万平方米，屋宇9000余间，周围宫墙高10余米，长约3000米，四角矗立风格绮丽的角楼，墙外有宽52米的护城河环绕。整个建筑群气势宏伟豪华，其布局开阔对称，内外装饰华丽，是我国古代建筑艺术的精华。1987年被列入《世界文化遗产名录》。

图3-1-1　北京故宫

特点

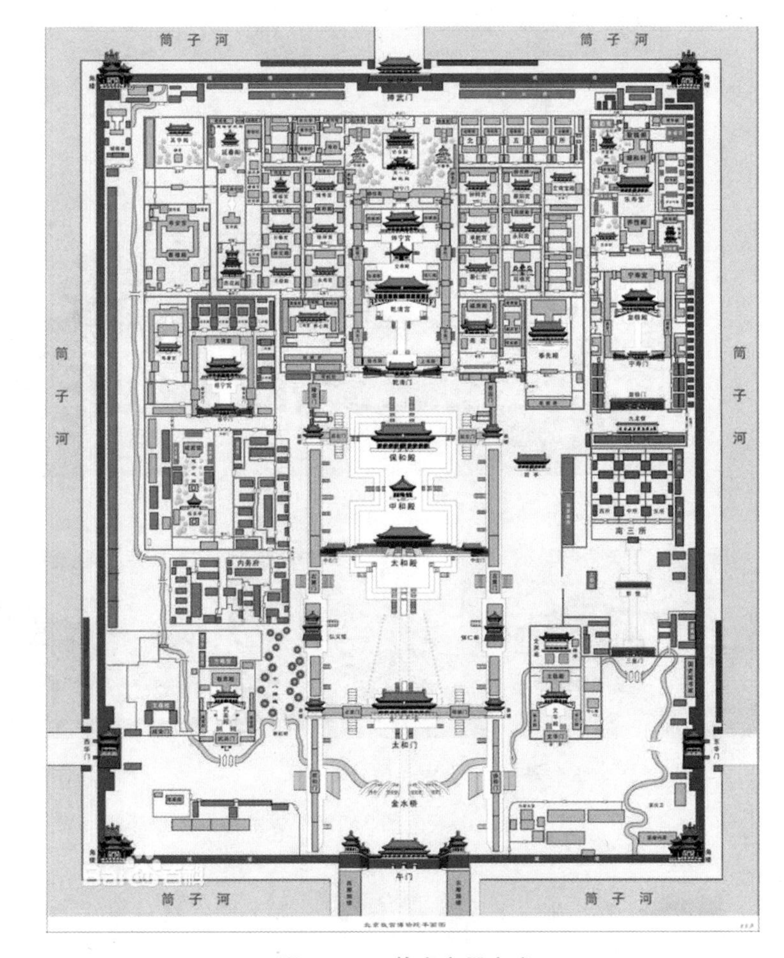

图3-1-2　故宫布局方式

故宫严格地按《周礼·考工记》中"前朝后市，左祖右社"的帝都营建原则建造，采取严格的中轴对称的布局方式(图3-1-2)：三大殿、后三宫、御花园都位于中轴线上，南北取直，左右对称，中轴线上的建筑高大华丽，轴线两侧的建筑相对低小简单。这条中轴线不仅贯穿在紫禁城内，而且南达永定门，北到鼓楼、钟楼，贯穿了整个城市。北京城的中轴线，以故宫为中心向南北延伸，表现了一种庄严、肃穆、唯帝王独尊的威严气势。其设计思想突出了帝王至高无上的绝对权威、金字塔式的封建等级制度，以达到巩固政权的目的。

宫殿是帝王朝政、生活的场所，古代帝王及其整个家族都生活在宫殿当中，宫殿不仅要满足帝王掌控朝政的作用，也要满足生活娱乐所需。故宫分前后两部分，前一部分是皇帝举行重大典礼、发布命令的地方，建筑形象庄严、壮丽、雄伟，主要以太和殿（图3-1-3）、中和殿、保和殿为中心，东有文华殿，西有武英殿为两翼。三大殿建在汉白玉砌成的8米高的工字形台基上，太和殿在前，中和殿居中，保和殿在后。基台三层重叠，每层台上边缘都装饰有汉白玉雕刻的栏板、望柱和龙头，三台当中有三层石阶雕有蟠龙，衬托以海浪和流云的“御路”。在25000平方米的台面上有透雕栏板1415块，雕刻云龙翔凤的望柱1460个，龙头1138个。用这么多汉白玉装饰的三台，造型重叠起伏，这是中国古代建筑史上具有独特风格的装饰艺术。而这种装饰在结构功能上，又是台面的排水管道。在栏板地栿石下，刻有小洞口；在望柱下伸出的龙头也刻有小洞口。每到雨季，三台雨水逐层由各小洞口下泄，水由龙头流出。这是科学而又艺术的设计。

太和殿

①太和殿外汉白玉台基

②太和殿外龙纹石板

③龙纹石板台阶

④汉白玉台基龙头

图3-1-3　太和殿及太和殿细节图

三大殿中太和殿最为高大、辉煌，坐落于紫禁城对角线的中心，它宽60.1米，深33.33米，高35.05米，四角上各有十只吉祥瑞兽。皇帝登基、大婚、册封、命将、出征等都要在这里举行盛大仪式,其时数千人三呼“万岁”,数百种礼器钟鼓齐鸣,极尽皇家气派。

故宫建筑的后半部分叫内廷,内廷宫门乾清门左右各有一道琉璃照壁,门里是后三宫,即乾清宫、交泰殿、坤宁宫,东西两翼有东六宫和西六宫,是皇帝处理日常政务之处,也是皇帝与后妃居住生活的地方。后半部分的建筑风格不同于前半部分。前半部分建筑象征皇帝的至高无上,后半部分内廷建筑多是自成院落,多包括花园、书斋、馆榭、山石等,充满了浓郁的生活气息。

中国建筑的屋顶形式是丰富多彩的,在故宫建筑中,不同形式的屋顶就有10种以上。以三大殿为例,屋顶各不相同。故宫建筑屋顶满铺各色琉璃瓦件,主要殿座以黄色为主,绿色用于皇子居住区的建筑。其他蓝、紫、黑、翠以及孔雀绿、宝石蓝等五彩缤纷的琉璃,多用在花园或琉璃壁上。太和殿屋顶当中正脊的两端各有琉璃吻兽,稳重有力地吞住大脊。吻兽造型优美,是构件又是装饰物。一部分瓦件塑造出龙凤、狮子、海马等立体动物形象,象征吉祥和威严,这些构件在建筑上起了装饰的作用。

影响

北京故宫是中国现存最完整的古代宫殿建筑群,它是中国古代宫殿建筑的典范,在世界建筑史上独树一帜。1987年,北京故宫被列入世界文化遗产。世界遗产组织对故宫的评价:“紫禁城是中国5个多世纪以来的最高权力中心,它以园林景观和容纳了家具及工艺品的9000个房间的庞大建筑群,成为明清时代中国文明无价的历史见证。”

故宫虽然是封建专制皇权的象征,但它映射出中国历史悠久的古代文明的光辉,证明了故宫在人类的世界文化遗产史册中占有重要的地位。

相关知识拓展

①“紫禁城”名称的由来:中国古代讲究“天人合一”的规划理念,用天上的星辰与都城规划相对应,以突出政权的合法性和皇权的至高性。天帝居住在紫微宫,而人间皇帝自诩为受命于天的“天子”,其居所应象征紫微宫以与天帝对应,《后汉书》记载:“天有紫微宫,是上帝之所居也。王者立宫,象而为之。”紫微、紫垣、紫宫等便成了帝王宫殿的代称。由于封建皇宫在古代属于禁地,常人不能进入,故称为“紫禁”。但明代初期称为“皇城”,直接称呼为“紫禁城”则大约始于明代中晚期。

②世界五大宫：北京故宫、法国凡尔赛宫、英国白金汉宫、美国白宫、俄罗斯克里姆林宫。北京故宫被誉为世界五大宫之首。

③沈阳故宫：沈阳故宫位于辽宁省沈阳市中心，是中国仅存的两大宫殿建筑群之一，又称盛京皇宫，为清朝初期的皇宫。沈阳故宫始建于努尔哈赤时期的1625年，建成于皇太极时期的1636年。清朝迁都北京后，故宫被称作"陪都宫殿""留都宫殿"，后来就被称为沈阳故宫。后经康熙、乾隆时期的改建、增建，形成了今日有宫殿、亭台、楼阁斋堂等建筑100余座、500余间，占地面积达6万平方米的格局面貌。2004年7月1日被批准作为明清皇宫文化遗产扩展项目列入《世界文化遗产名录》。

3.1.2　北京天坛——最美丽的祭祀建筑群

概述

祭天作为人类祈求神灵赐福攘灾的一种文化行为，曾经是中国古代先民生活的重要组成部分。中国从传说中的"三皇五帝"时代至清末，一直举行祭天典礼，绵延五千余年，可谓源远流长。

天坛位于北京市南部，始建于明永乐十八年（1420年），占地约273万平方米，是世界上最大的祭天建筑群。清乾隆、光绪时天坛曾重修改建，为明、清两代帝王祭祀皇天、祈五谷丰登之场所。自明永乐十九年起，共有22位皇帝亲御天坛，向皇天上帝顶礼膜拜，虔诚祭祀。辛亥革命爆发后，中华民国政府宣布废除祭天祀典，并与1918年改天坛为公园，是我国现存最大的古代祭祀性建筑群。

特点

天坛以严谨的建筑布局、奇特的建筑构造和瑰丽的建筑装饰著称于世。

天坛（图3-1-4）有坛墙两重，形成内外坛，坛墙均为北圆南方。当初，为了把天地的形象表现在墙上，以象征"天圆地方"之说。外坛墙的东南北三面原制无门，只有西向面临永定门内大街有门两座：靠北的门是明代旧有的，称"祈谷坛门"；靠南的门是乾隆十七年（1752年）增建的，称"圜丘坛门"，两门均为三间拱券式，绿琉璃筒瓦歇山式顶。在内坛墙围起的区域内中间还有一道东西向的隔墙，这段隔墙在两轴线部位成弧形向北凸出，绕过皇穹宇外墙而与东西内坛墙相连接，将祈谷、圜丘两坛隔成南北两个区域。

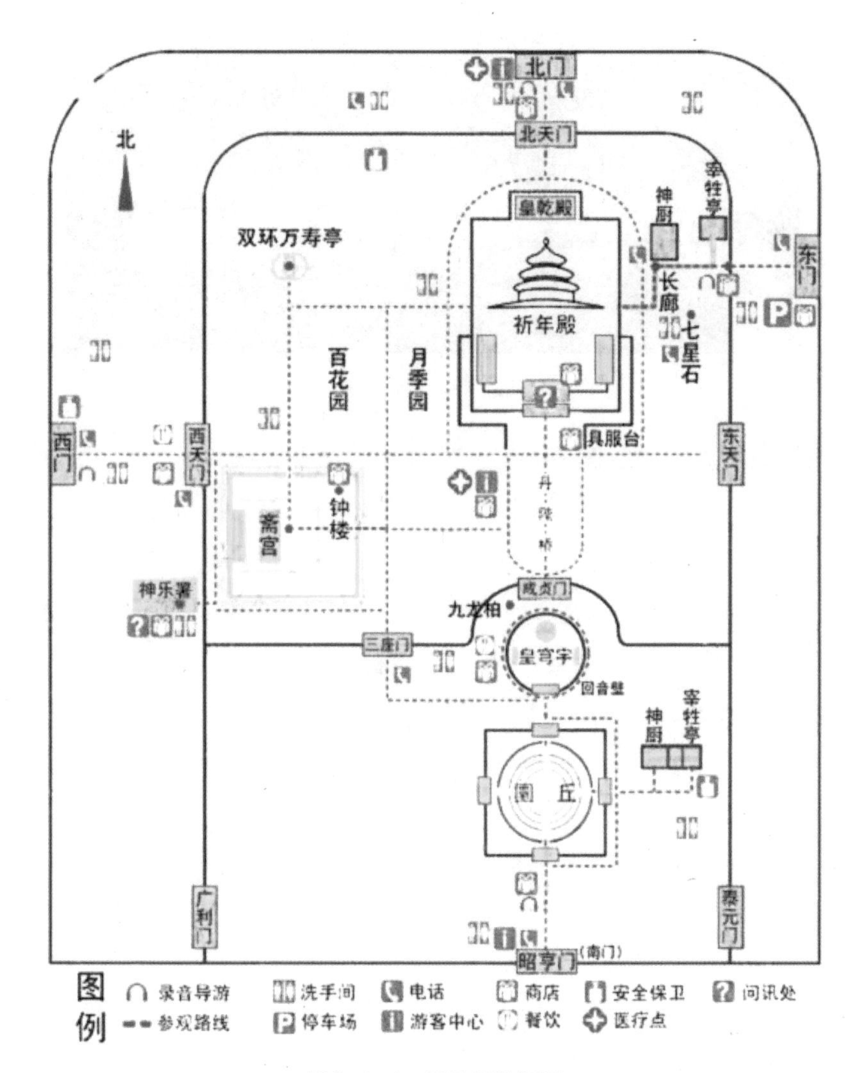

图3-1-4 天坛总平面图

天坛主要建筑在内坛，有祈年殿、皇乾殿、圜丘、皇穹宇、斋宫、无梁殿、长廊、双环万寿亭等，还有回音壁、三音石、七星石等名胜古迹。南为“圜丘坛”，专门用于“冬至”日祭天，中心建筑是一巨大的圆形石台，名“圜丘”；北为“祈谷坛”，用于春季祈祷丰年，中心建筑是祈年殿，另有皇乾殿、祈年门等。两坛由一座长360米、宽近30米、南低北高的丹陛桥相连。内坛西墙内有斋宫，是皇帝祭祀前“斋戒”期间居住的宫室。外坛古柏苍郁，环绕着内坛，使主要建筑群显得更加庄严宏伟。

圜丘坛(图3-1-5)是一个三层同心圆，这是最具有中国传统建筑思维的一处建筑，它是远古露天郊祭的原型，中国建筑是人和天地之间的媒介，而当人需要和天地直接联系的时候，就不需要这个木构建筑了。仅存的是建筑的台基，作为场所的体现。这种建筑思维在世界其他主要民族中是绝无仅有的。

图 3-1-5　圜丘坛

北京天坛建筑中，祈年殿（图 3-1-6）是这一建筑群落中的中心建筑，又称祈谷殿，是明清两代皇帝孟春祈谷之所。它是一座镏金宝顶、蓝瓦红柱、金碧辉煌的彩绘三层重檐圆形大殿，建于高 6 米的白石雕栏环绕的三层汉白玉圆台上。整个建筑没有大梁长檩以及铁钉等构造，而是仅仅依靠柱、角等进行榫卯的连接，也就是所谓的无梁殿，是中国古典建筑的一个典型建筑。建筑内的 28 根巨大的柱子，里面的四根象征着一年四季，而中间的十二根象征着一年的十二个月，最外面的十二根象征着十二个时辰。这二十四根柱子象征二十四节气，一共 28 根柱子象征二十八星宿。作为中国最大的圆形木构造建筑的杰出代表，祈年殿以含蓄的方式表现了宇宙万物的律动变化。

坛内巧妙运用声学原理建造的回音壁、三音石、对话石等，充分显示出古代中国建筑工艺的发达水平。

图 3-1-6　祈年殿

三音石（图 3-1-7）位于皇穹宇殿门外的轴线甬路上。从殿基须弥座开始的第一、第二和第三块铺路的条形石板就是三音石。站在第一块石板上面向殿内说话，可以听到一次回声；站在第二块石板上面向殿内说话，可以听到两次回声；站在第三块石板上面向殿内说话，可以听到三次回声。

3-1-7　三音石

回音壁(图3-1-8)就是皇穹宇的围墙。围墙的弧度十分规则,墙面极其光滑整齐,对声波的折射是十分规则的。只要两个人分别站在东、西配殿后,贴墙而立,一个人靠墙向北说话,声波就会沿着墙壁连续折射前进,传到一两百米处的另一端,而且声音悠长,堪称奇趣,给人一种“天人感应”的神秘气氛。

图3-1-8　回音壁

影响

天坛集明、清建筑技艺之大成,以其深刻的文化内涵、宏伟的建筑风格,成为东方古老文明的写照和瑰宝,是世界上最大的祭天建筑群。1961年,国务院公布天坛为“全国重点文物保护单位”。1998年被联合国教科文组织确认为“世界文化遗产”。

相关知识拓展

①丹陛桥(图3-1-9):丹陛桥也称海墁大道或神道,桥上有三条石道:中神道、东御道、西王道,北高南低,北端高4米,南端高1米,北行令人步步登高,如临天庭。

图3-1-9 丹陛桥

②皇穹宇(图3-1-10):圜丘坛以北是皇穹宇,皇穹宇院落位于圜丘坛外壝北侧,坐北朝南,圆形围墙,南面设三座琉璃门,主要建筑有皇穹宇和东西配殿,是供奉圜丘坛祭祀神位的场所。祭天时使用的祭祀神牌都存放在这里。殿正中有汉白玉雕花的圆形石座,供奉"皇天上帝"牌位,左右配享皇帝祖先的神牌。正殿东西各有配殿,分别供奉日月星辰和云雨雷电等诸神牌位。整个殿宇的外观状似圆亭,坐落在2米多高的汉白玉须弥座台基上,周围均设石护栏。

图3-1-10 皇穹宇

③神乐署(图3-1-11):神乐署原为天坛五大建筑之一,在圜丘坛西天门外西北,始建于明朝永乐十八年(1420年)。神乐署是管理祭天时演奏古乐的机关,掌管祭祀乐舞的教习和演奏。

图3-1-11 神乐署

④皇乾殿(图3-1-12):皇乾殿，坐落在祈年殿以北，祈年墙环绕的矩形院落里，由三座琉璃门与祭坛相通。这是一座庑殿式大殿，覆盖蓝色的琉璃瓦，下面有汉白玉石栏杆的台基座。它是专为平时供奉"皇天上帝"和皇帝列祖列宗神牌的殿宇。

图3-1-12　皇乾殿

⑤七十二连房:祈年殿东边的内墙东门外，有72间走廊，是祈谷寺的附属建筑。为连檐通脊式的一面暖房，北面砌砖，南面安设大窗门，俗称"七十二连房"。长廊中部偏北，有五间"神库"，是收藏祭祀用品的库房。"神库"西面是"神厨"，祭天时，在这里制作供馔和糕点。祈谷坛的神厨、神库和宰牲亭与祈谷坛之间由长廊相连，长廊由东砖门至东北方的宰牲亭呈曲尺形，共72间，与祈年殿大小36根柱子相对应，象征七十二地煞。

⑥南神厨院:南神厨院建于明嘉靖九年(1530年)，位于圜丘东，坐北朝南，院门南开，主要建筑有神库、神厨、井亭，是圜丘冬至祭天大典之前制作圜丘坛各种祭品的场所。院门外有走牲道与圜丘东棂星门相连，祭时临时搭设走牲棚以运送祭品。建筑规整庄严，是我国祭祀建筑中仅存的几座神厨之一。

⑦古稀门(图3-1-13):皇乾殿西侧有一座小门名古稀门。当年，乾隆帝去行祈谷大礼时，已近70岁，群臣提议，为免皇帝劳顿，就在皇乾殿旁开一小门，专供皇帝出入，乾隆欣然采纳，就有了这祈年殿后面的后门。当时乾隆皇帝还立下规矩，规定后代子孙七十岁以上才能使用此门，但乾隆之后就没有皇帝使用过这道门了。

图3-1-13　古稀门

3.2 中国园林建筑

中国园林以山水为主，布局灵活多变，将人工美与自然美融为一体，形成巧夺天工的奇异效果，而其中的园林建筑更是造景的中心。园林建筑作为园林的要素之一是中国园林的特点，历史悠久，具有卓越的成就和独特的风格，在世界园林史上享有盛名，在世界三大园林体系中占有重要的地位。

中国园林建筑最早可以追溯到商周时代苑、囿中的台榭。魏晋以后，在中国自然山水园中，自然景观是主要观赏对象，因此建筑要和自然环境相协调，体现出诗情画意，使人在建筑中更好地体会自然之美。同时自然环境有了建筑的装点往往更加富有情趣，更能起到画龙点睛之作用。

北京圆明园四十景，承德避暑山庄（图3-2-1）七十二景，多数以建筑或在建筑中所得的景观为题。中国自然山水园林发挥了建筑作用，使园林景区的划分、空间的安排等都显得层次分明，序列明确，给人深刻的印象。北京颐和园的长廊不仅本身是一个景观，还起组织导游路线的作用。大型园林中的"园中园"建筑群，如颐和园中的谐趣园，可自成景区，使空间划分更富情趣。中国园林中一墙一垣、一桥一廊无不充分发挥着成景、点景的作用，因此中国园林建筑最基本的特点就是同自然景观融洽和谐。

图3-2-1 承德避暑山庄

中国园林建筑素有南方风格和北方风格之分。南方园林以江南宅园为代表，北方园林以帝王宫苑为代表。两者除了规模和自然条件不同以外，还有建筑形式上的差别。北方的园林建筑厚重沉稳，平面布局较为严整，多用色彩强烈的彩绘，构造近乎"官式"。南方的园林建筑一般都是青瓦素墙，褐色门窗，不施彩画，用料较小，布局灵活，显得玲珑清雅，常有精致的砖木雕刻作装饰。本书以北方“典雅的皇家苑囿——颐和园”、南方“苏州园林的典范——拙政园”为例，展示中国园林建筑中宏大的皇家园林和精巧的私家园林。

3.2.1　颐和园——典雅的皇家苑囿

概述

颐和园，中国清朝时期皇家园林，前身为清漪园，坐落在北京西郊，距城区15千米，占地293公顷，与圆明园毗邻。它是以昆明湖、万寿山为基址，以杭州西湖为蓝本，吸取江南园林的设计手法而建成的一座大型山水园林，饱含中国皇家园林的恢宏富丽气势，又充满自然之趣，高度体现了“虽由人作，宛自天开”的造园准则。

清朝乾隆皇帝继位以前，在北京西郊一带，建起了四座大型皇家园林。乾隆十五年(1750年)，乾隆皇帝为孝敬其母孝圣皇后动用448万两白银将这里改建为清漪园，形成了从现清华园到香山长达20千米的皇家园林区。咸丰十年(1860年)，清漪园被英法联军焚毁。光绪十四年(1888年)重建，改称颐和园，作消夏游乐地。光绪二十六年(1900年)，颐和园又遭“八国联军”破坏，珍宝被劫掠一空。清朝灭亡后，颐和园在军阀混战和国民党统治时期，又遭破坏。1949年之后，政府不断拨款修缮。颐和园是保存最完整的一座皇家行宫御苑，被誉为“皇家园林博物馆”，也是国家重要的旅游景点。

特点

颐和园(图3-2-2)主要由万寿山和昆明湖两部分组成。各种形式的宫殿园林建筑3000余间，主要景点大致分为三个区域：以庄重威严的仁寿殿为代表的政治活动区，是清朝末期慈禧与光绪从事内政、外交政治活动的主要场所；以乐寿堂、玉澜堂、宜芸馆等庭院为代表的生活区，是慈禧、光绪及后妃居住的地方；以长廊沿线、后山、西区组成的广大区域，是供皇帝和后妃们澄怀散志、休闲娱乐的苑园游览区。

图3-2-2 颐和园总图

万寿山(图3-2-3)属燕山余脉,高58.59米。建筑群依山而筑,万寿山前山,以八面三层四重檐的佛香阁为中心,组成巨大的主体建筑群。

图3-2-3　万寿山

从山脚的"云辉玉宇"牌楼,经排云门、二宫门、排云殿、德辉殿、佛香阁,直至山顶的智慧海,形成了一条层层上升的中轴线。

智慧海(图3-2-4)是万寿山顶最高处一座宗教建筑,是一座完全由砖石砌成的无梁佛殿,由拱券结构组成。建筑外层全部用精美的黄、绿两色琉璃瓦装饰,上部用少量紫色、蓝色的琉璃瓦盖顶,尤以嵌于殿外壁面的千余尊琉璃佛更富特色。"智慧海"一词为佛教用语,本意是赞扬佛的智慧如海,佛法无边。该建筑虽极像木结构,但实际上没有一根木料,全部用石砖发券砌成的,没有枋檩承重,所以称为"无梁殿"。又因殿内供奉了无量寿佛,所以也称它为"无量殿",如图3-2-5所示。

图3-2-4　智慧海

“智慧海”为佛教用语，意思是佛的智慧浩如大海，佛法无边。表示这里是佛门圣地。智慧海墙外壁上嵌有无量寿佛1110尊，均为乾隆时建筑。

清朝规定仙人后面的走兽应为单数，按三、五、七、九排列，建筑等级越高，神兽数量越多。

图3-2-5　无量寿佛和琉璃兽

排云殿(图3-2-6)在万寿山前建筑的中心部位，原是乾隆为他母亲60寿辰而建的大报恩延寿寺，慈禧重建时改为排云殿，是慈禧在园内居住和过生日时接受朝拜的地方。“排云”二字取自郭璞诗“神仙排云山，但见金银台”，比喻似在云雾缭绕的仙山琼阁中，神仙即将露面。从远处望去，排云殿与牌楼、排云门、金水桥、二宫门连成了层层升高的一条直线。排云殿这组建筑是颐和园中最为壮观的建筑群体。

图3-2-6　排云殿

排云殿建在石砌的月台上，重檐歇山顶，面阔五间，进深三间，加上“复道”和东西朵殿，横列共二十一间，殿正中为九龙宝座，是慈禧太后寿辰时受贺之座。排云殿东配殿名芳辉殿，西配殿为紫霄殿，均为歇山顶，面阔均五间，有爬山廊通后院耳房及德辉殿。排云殿后院两耳房为一座依山而建的石砌高台，有八十九级石台阶曲折而上，通向台上的德辉殿。殿歇山顶，面阔五间，均为黄琉璃瓦顶。

四大部洲（图3-2-7）在万寿山后山中部，是汉藏式的建筑群。占地2万平方米，因山顺势，就地起阁。前有须弥灵境（现为平台），两侧有3米高的经幢，后有寺庙群主体建筑香岩宗印之阁。四周是象征佛教世界的四大部洲——东胜身洲、西牛货洲、南赡部洲、北俱卢洲和用不同形式的塔台修建成的八小部洲。南、西南、东北、西北还有代表佛经。

图3-2-7　四大部洲

红、白、黑、绿四座喇嘛塔。塔上有十三层环状“相轮”，表示佛经“十三天”。塔形别致，造型端庄美观。四大部洲和八小部洲中间有两个凹凸不平的台殿，一个代表月台，一个代表日台，象征着日月环绕佛身。

万寿山下是一条长728米的“长廊”（图3-2-8），北依万寿山，东起邀月门，西至石丈亭，共273间，是中国园林中最长的游廊，1992年被认定为世界上最长的长廊，列入“吉尼斯世界纪录”。廊上的每根枋梁上都有彩绘，共有图画14000余幅，内容包括山水风景、花鸟鱼虫、人物典故等。画中的人物画均取材于中国古典名著。

图3-2-8 “世界第一廊”

昆明湖是清代皇家诸园中最大的湖泊，湖中一道长堤——西堤，自西北逶迤向南。西堤及其支堤把湖面划分为三个大小不等的水域，每个水域各有一个湖心岛。这三个岛在湖面上成鼎足而峙的布列，象征着中国古老传说中的东海三神山——蓬莱、方丈、瀛洲。西堤以及堤上的六座桥是有意识地模仿杭州西湖的苏堤和“苏堤六桥”。西堤一带碧波垂柳，自然景色开阔，园外数里的玉泉山秀丽山形和山顶的玉峰塔影排闼而来，被收摄作为园景的组成部分。

十七孔桥（图3-2-9）坐落在昆明湖上，位于东堤和南湖岛之间，用以连接堤岛，为园中最大石桥。石桥宽8米，长150米，由17个桥洞组成。石桥两边栏杆上雕有大小不同、形态各异的石狮500多只。

图3-2-9 十七孔桥

以仁寿殿(图3-2-10)为中心的行政区,是当年慈禧太后和光绪皇帝坐朝听政、会见外宾的地方。仁寿殿后是三座大型四合院,即乐寿堂、玉澜堂和宜芸馆,分别为慈禧、光绪和后妃们居住的地方。宜芸馆东侧的德和园大戏楼是清代三大戏楼之一。

图3-2-10　仁寿殿

乐寿堂(图3-2-11)是颐和园居住生活区中的主建筑,原建于乾隆十五年(1750年),咸丰十年(1860年)被毁,光绪十三年(1887年)重建。乐寿堂面临昆明湖,背倚万寿山,东达仁寿殿,西接长廊,是园内位置最好的居住和游乐的地方。堂前有慈禧乘船的码头,"乐寿堂"黑底金字横匾为光绪手书。乐寿堂庭院内陈列着铜鹿、铜鹤和铜花瓶,取意为"六合太平"。院内花卉有玉兰、海棠、牡丹等,名花满院,寓"玉堂富贵"之意。

图3-2-11　乐寿堂

玉澜堂(图3-2-12)在仁寿殿西南,临昆明湖畔而建,是一座三合院式的建筑。正殿玉澜堂坐北朝南,东配殿霞芬室,西配殿藕香榭。东殿可到仁寿殿,西殿可到湖畔码头,正殿后门直对宜芸馆。后檐及两配殿均砌砖墙与外界隔绝,是颐和园中一处重要的历史遗迹。光绪二十四年(1898年),慈禧发动宫廷政变后,曾把主张变法的光绪皇帝囚禁于此,是光绪皇帝的寝宫。

图3-2-12　玉澜堂

颐和园内有六座城关:紫气东来城关、宿云檐城关、寅辉城关、通云城关、千峰彩翠城关和文昌阁城关。文昌阁城关(图3-2-13)是六座城关中最大的一座,始建于乾隆十五年(1750年),1860年被英法联军烧毁,光绪时重建。主阁两层,内供铜铸文昌帝君和仙童、铜特。文昌阁与昆明湖西供武圣的宿云檐象征"文武辅弼"。

图3-2-13　文昌阁城关

文昌院(图3-2-14)位于颐和园内文昌阁之东,是中国古典园林中规模最大、品级最高的文物陈列馆。馆内设有六个专题展厅,陈列了上自商周、下迄晚清数以千计的颐和园精品文物,品类涉及铜器、玉器、瓷器、金银器、竹木牙角器、漆器、家具、书画、古籍、珐琅、钟表、杂项等,涵盖了中国传世文物的诸多门类。由于颐和园特定的皇家环境,这些艺术品代表了当时最好的工艺水平,许多珍品在当时即为国之重器;馆中还陈列了部分清代宫廷生活用品,它们与帝后生活密切相关,具有突出的历史价值,是中国皇家文化最具真实性的物证。

图3-2-14　文昌院

影响

1961年3月4日,颐和园被公布为第一批全国重点文物保护单位,与同时公布的承德避暑山庄、拙政园、留园并称为中国四大名园,1998年11月被列入《世界遗产名录》。2007年5月8日,颐和园被国家旅游局正式批准为国家5A级旅游景区。2009年,颐和园入选中国世界纪录协会中国现存最大的皇家园林。

相关知识拓展

世界园林体系划分为中国园林体系、欧洲园林体系和伊斯兰园林体系三大体系。

1. 中国园林体系

中国园林尊崇以自然和谐为美的生态原则,属于山水风景式园林范畴,以非规则式园林为基本特征,园林建筑与山水环境有机融合,自然和谐,浑然一体,包含人文、教育、诗画等内容。

2. 欧洲园林体系

欧洲园林，又称为西方园林，主要是以古埃及和古希腊园林为渊源，有法国古典主义园林和英国自然风景式园林两大流派。它以人工美的规则式园林和自然美的自然式园林为造园风格，艺术造诣精湛独到。欧洲皇家园林的典范——凡尔赛宫，如图3-2-15所示。

图3-2-15 欧洲皇家园林的典范——凡尔赛宫

3. 伊斯兰园林体系

伊斯兰园林是以古巴比伦和古波斯园林为渊源，十字形庭园为典型布局方式，封闭建筑与特殊节水灌溉系统相结合，富有精美细密的建筑图案和装饰色彩的阿拉伯园林。伊斯兰园林代表作——泰姬陵，如图3-2-16所示。

图3-2-16 伊斯兰园林代表作——泰姬陵

3.2.2　拙政园——苏州园林的典范

 概述

拙政园(图3-2-17),与北京颐和园、承德避暑山庄、苏州留园一起被誉为中国四大名园。拙政园位于江苏省苏州市,始建于明正德初年(16世纪初),是江南古典园林的代表作品。四百多年来,简陋的行政花园几经分封,或作为“私家”花园,或作为“金屋”藏身之处,或是作为“皇宫”管理机构,留下了许多诱人的遗迹和典故。

图3-2-17　拙政园一景

拙政园位于苏州城东北隅(东北街178号),截至2014年,仍是苏州现存的最大的古典园林,占地78亩。全园以水为中心,山水萦绕,厅榭精美,花木繁茂,具有浓郁的江南水乡特色。花园分为东、中、西三部分,东花园开阔疏朗,中花园是全园精华所在,西花园建筑精美,各具特色。拙政园南部为住宅区,体现典型江南地区传统民居多进的格局,另外,南部还建有苏州园林博物馆,是一座园林专题博物馆。

 特点

拙政园东部原称“归田园居”,因明崇祯四年(1631年)园东部归侍郎王心一而得名,约31亩,后因归园早已荒芜,全部为新建,布局以平冈远山、松林草坪、竹屋曲水为主,配以山池亭榭,仍保持疏朗明快的风格,主要建筑有兰雪堂、芙蓉榭、天泉亭、缀云峰等,均为移建。拙政园的建筑还有澄观楼、浮翠阁、玲珑馆和十八曼陀罗花馆等。

中部是拙政园的主景区，这是拙政园的精髓所在，面积约18.5亩。其总体布局以水池为中心，亭台楼榭皆临水而建，有的亭榭则直出水中，具有江南水乡的特色。池水面积占全园面积的3/5。池广树茂，景色秀丽，临水布置了形体不一、高低错落的建筑，主次分明。总的格局仍保持明代园林浑厚、质朴、疏朗的艺术风格。以荷香喻人品的“远香堂”(图3-2-18)为中部拙政园主景区的主体建筑，位于水池南岸，隔池与东西两山岛相望，池水清澈广阔，遍植荷花，山岛上林荫匝地，水岸藤萝粉披，两山溪谷间架有小桥，山岛上各建一亭，西为“雪香云蔚亭”(图3-2-19)，东为“待霜亭”(图3-2-20)，四季景色因时而异。远香堂之西的“倚玉轩”与其西船舫形的“香洲”(“香洲”名取以香草，比喻性情高傲之意)遥遥相对，两者与其北面的“荷风四面亭”成三足鼎立之势，都可随势赏荷。倚玉轩之西有一曲水湾深入南部住宅，这里有三间水阁“小沧浪”，它以北面的廊桥“小飞虹”分隔空间，构成一个幽静的水院。

图3-2-18　远香堂

图3-2-19　雪香云蔚亭

图3-2-20　待霜亭

从拙政园中园的建筑物名来看，大都与荷花有关。王献臣之所以要如此大力宣扬荷花，主要是为了表达他孤高不群的清高品格。中部还有微观楼、玉兰堂、见山楼等建筑，以及精巧的园中之园——枇杷园。

西部原为“补园”，面积约12.5亩，其水面迂回，布局紧凑，依山傍水建以亭阁。因被大加改建，所以乾隆后形成的工巧、造作的艺术风格占了上风，但水石部分同中部景区仍较接近，而起伏、曲折、凌波而过的水廊、溪涧则是苏州园林造园艺术的佳作。西部主要建筑为靠近住宅一侧的三十六鸳鸯馆，是当时园主人宴请宾客和听曲的场所，厅内陈设考究。晴天由室内透过蓝色玻璃窗观看室外景色犹如一片雪景。三十六鸳鸯馆的水池呈曲尺形，其特点为台馆分峙，装饰华丽精美。回廊起伏，水波倒影，别有情趣。西部另一主要建筑"与谁同坐轩"乃为扇亭，扇面两侧实墙上开着两个扇形空窗，一个对着"倒影楼"，另一个对着"三十六鸳鸯馆"，而后面的窗中又正好映入山上的笠亭，而笠亭的顶盖又恰好配成一个完整的扇子。"与谁同坐"取自苏东坡的词句"与谁同坐，明月，清风，我"。故一见匾额，就会想起苏东坡，并顿感到这里可欣赏水中之月，可受清风之爽。西部其他建筑还有留听阁、宜两亭、倒影楼、水廊等。

影响

1961年3月，拙政园被列为首批全国重点文物保护单位，1991年被国家计委、旅游局、建设部列为国家级特殊游览参观点。1997年联合国教科文组织批准将其列入《世界遗产名录》。2007年被国家旅游局评为首批国家AAAAA级旅游景区。

相关知识拓展

①苏州古典园林，简称"苏州园林"，是世界文化遗产。苏州古典园林的历史可上溯至公元前6世纪春秋时期吴王的园囿，私家园林最早见于记载的是东晋(4世纪)的辟疆园，历代造园兴盛，名园日多。明清时期，苏州成为中国最繁华的地区，私家园林遍布古城内外。16—18世纪全盛时期，苏州有园林200余处。苏州古典园林现保存完整的有60多处。其中，拙政园、留园、狮子林等古典园林已列入世界文化遗产名录。

②留园，是苏州古典园林，位于苏州阊门外留园路338号，始建于明代。清代时称"寒碧山庄"，俗称"刘园"，后改为"留园"。留园以园内建筑布置精巧、奇石众多而知名，与苏州拙政园、北京颐和园、承德避暑山庄并称中国四大名园。

③承德避暑山庄又名"承德离宫"或"热河行宫"，位于河北省承德市中心北部，武烈河西岸一带狭长的谷地上，是清代皇帝夏天避暑和处理政务的场所。避暑山庄始建于1703年，历经清康熙、雍正、乾隆三朝，耗时89年建成。避暑山庄以朴素淡雅的山村野趣为格调，取自然山水之本色，吸收江南塞北之风光，成为中国现存占地最大的古代帝王宫苑。

3.3 传统民居建筑

所谓民居建筑，即中国历史上各个时期所形成的，以及自古延续下来的民间的住宅建筑。也就是说，民居建筑就是中国传统建筑中的民间居住建筑，往往简称为传统民居或民居。民居建筑的发展，同样闪耀着中华文明的光辉。为了在各种不同的自然环境下生存，为了适应各种社会生活的需要，为了在有限的条件下不断提高居住生活的质量，人们进行了长期而艰苦的探索，并取得了辉煌的成就。

3.3.1 四合院——追忆老北京的似水年华

四合院（图3-3-1）又称四合房，是中国的一种传统合院式建筑，其格局为一个院子四面建有房屋，从四面将庭院合围在中间，故名四合院。四合院就是三合院前面又加门房的屋舍来封闭。呈“口”字形的称为一进院落，“日”字形的称为二进院落，“目”字形的称为三进院落。一般而言，大宅院中，第一进为门屋，第二进是厅堂，第三进或后进为私室或闺房，是妇女或眷属的活动空间，一般人不得随意进入，难怪古人有词云：“庭院深深深几许，云窗雾阁春迟。”庭院越深，越不得窥其堂奥。四合院至少有3000多年的历史，在中国各地有多种类型，其中以北京四合院最为典型。四合院通常为大家庭所居住，提供了对外界比较隐蔽的庭院空间，其建筑和格局体现了中国传统的尊卑等级思想和阴阳五行学说。

图3-3-1 四合院

特点

四合院是按南北轴线对称布置房屋和院落，坐北朝南，大门一般开在东南角，门内建有影壁，外人看不到院内的活动。正房位于中轴线上，侧面为耳房及左右厢房。正房是长辈的起居室，厢房则供晚辈起居用，这种庄重的布局，亦体现了华北人民正统、严谨的传统性格。老北京四合院的标准形式一般为三进四合院(图3-3-2)。

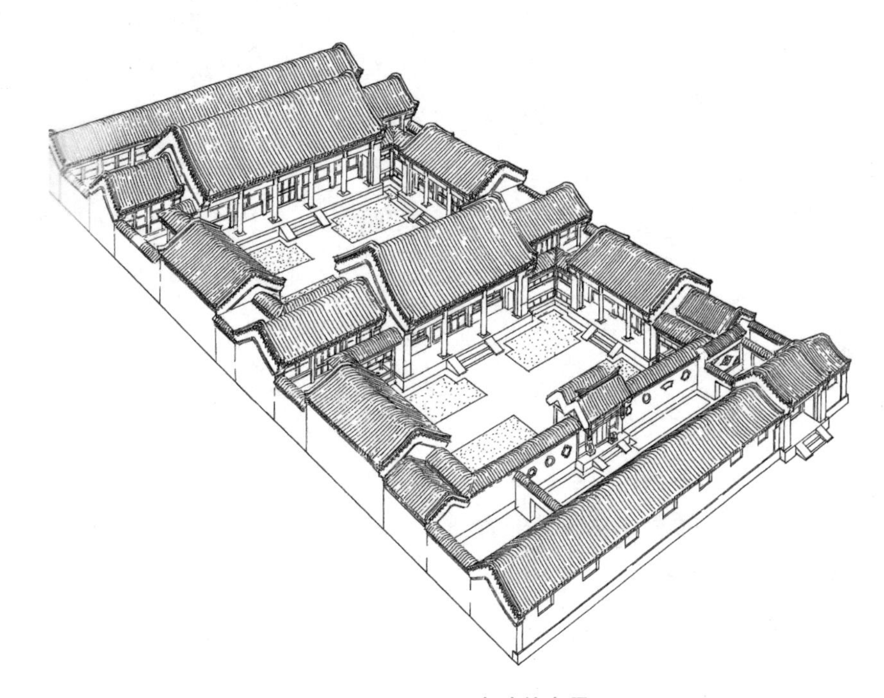

图3-3-2　四合院的布局

这种四合院宽五丈，长八丈，位于街道的北面，坐北朝南，临街五大间，开间每间一丈。从大门进来，面朝着靠近东屋南山墙的磨砖的影壁墙。在影壁的前面往左拐，是一个圆月门，或四扇并排的小门，进来后是三间南房。与东边的月亮门相对称，西边也有一个月亮门，往里是一个一丈见方的小院。通向里院的垂花门，正对南屋门，垂花门左右两边，直到两边的月亮门，是一溜墙，外院的南屋和里院的北、东、西房隔开，分成了两个院子，外面的院落约宽一丈多，长三丈。进垂花门，是一个木板屏门，因此望不见里院，一般由东西两边或者只东边出入。过年或迎接贵宾时，屏风才会开放。里院是正方形，垂花门的门楼位于里院南面正中心的位置，另外有三间北面正房，各三间东西厢房。垂花门与东、西厢房、正房之间，为曲尺形廊子，称钻山游廊。正房东、西两侧各有一间耳房，耳房前各有一座一丈见方的小院。另外在东、西厢房与游廊之间也有耳房，叫作“盝顶”，面积很小，一般是仆人住的下房或用作厕所。东边的一间盝顶是厨房。北京地区属暖温带、半湿润大陆性季风气候，冬寒少雪，春季多风沙，因此，住宅设计注重保温防寒避风沙，外围砌砖墙，整个院落被房屋与墙垣包围，硬山式屋顶，墙壁和屋顶都比较厚实。

四合院的构建是极讲究风水的，从选址、定位到确定每幢建筑的具体尺度，都要按风水理论来进行。风水学说，实际是中国古代的建筑环境学，是中国传统人居建筑理论的重要组成部分，这种风水理论，千百年来一直指导着中国古代的营造活动。除去风水学说外，四合院的装修、雕饰、彩绘也处处体现出民俗民风和传统文化，表现一定历史条件下人们对幸福、美好、富裕、吉祥的追求。如以蝙蝠、寿字组成的图案，寓意“福寿双全”，以花瓶内安插月季花的图案寓意“四季平安”，而嵌于门管、门头上的吉辞祥语，附在檐柱上的抱柱楹联，以及悬排在室内的书画佳作，更是集贤哲之古训，采古今之名句。

北京四合院亲切宁静，庭院尺度合宜，把大地拉近人心，是十分理想的室外生活空间，庭院方正，利于冬季多纳阳光。东北气候寒冷，院子更加宽大。北京以南夏季西晒严重，院子变成南北窄长。西北风沙很大，院墙加高。

影响

北京四合院虽为居住建筑，却蕴含着深刻的文化内涵，是中华传统文化的载体。

它的构建是极讲究风水的，从选址、定位到确定每幢建筑的具体尺度，都要按风水理论来进行。北京四合院闻名于世。旧时的北京，除了紫禁城、皇家园林、寺庙祭坛及皇家宫邸外，大量建筑便是那数不清的平民住宅。

《日下旧闻考》中引元人诗云：“云开闾阖三千丈，雾暗楼台百万家。”这“百万家”的住宅，便是如今所说的北京四合院。

相关知识拓展

①北京市政府于2004年4月12日下发了《关于鼓励单位和个人购买北京旧城历史文化保护区四合院等房屋的试行规定》，允许四合院自由买卖，以此来鼓励民间资本介入四合院的保护。

②紫禁城是个大四合院，打开一张紫禁城的平面图，我们看到的是一个由大小不一、等级差异的各种四合院所构成的四合院群，只是它的形式比较独特，用途比较特殊，它所体现的，也正是四合院的本质特征——礼制指导下的人的等级制。因此，紫禁城中的这些四合院，既是四合院形式的极致，同时也是四合院本质的集中体现。紫禁城的居住者虽然是封建时代的统治阶级，但在统治阶级内

部也划分了不同的等级。此外，还有为他们服务的奴仆、匠役和兵丁等。因此，这些为不同等级之人使用的建筑，自然在形式和装饰上大有区别。一般来说，故宫中的主要建筑大致可以分为四个等级，皇帝是最高一级的拥有者。其所居住的建筑的特点是，一般在中轴线上，分为庑殿顶或歇山顶，黄琉璃瓦，贴金双龙和玺或龙凤和玺彩画。

3.3.2　徽州民居——实用性与艺术性的完美统一

概述

徽州民居(图3-3-3)，指徽州地区的具有徽州传统风格的民居，是中国传统民居建筑的一个重要流派，也称徽派民居，是实用性与艺术性的完美统一。古徽州，今安徽黄山市、绩溪县及江西婺源县。古徽州下设黟县、歙县、休宁、祁门、绩溪、婺源六县。自秦建制两千多年以来，悠久的历史沉淀，亚热带湿润的季风气候，在这块被誉为“天然公园”里生活的人们以自己的聪明才智，创造了独树一帜的徽派民居建筑风格。

图3-3-3　徽州民居

特点

图 3-3-4　门罩

徽州民居的特色首先体现在其选址上。风水是一种东方文化特有的思维方式,风水学讲究的是自然界本身、人与自然之间、人与人之间的和谐。历史上古徽州民居为徽商所建,他们较高的文化水平为风水学的探讨和应用提供了必要的文化修养。古徽州人以周易风水学为指导,千方百计去选择风水宝地,选址建村,以求上天赐福,衣食充盈,子孙昌盛。

徽州建筑大门,均配有门楼(规模稍小一些的称为门罩),主要作用是防止雨水顺墙而下溅到门上。一般农家的门罩(图 3-3-4)较为简单,在离门框上部少许的位置,用水磨砖砌出向外挑的檐脚,顶上覆瓦,并刻一些简单的装饰。富家门楼(图 3-3-5)十分讲究,多有砖雕或石雕装潢。门楼是住宅的脸面,成为体现主人地位的标志。

图 3-3-5　富家门楼

门楼重檐飞角,各进皆开天井(图 3-3-6),通风透光,雨水通过水笕流入阴沟。俗称“四水归堂”,意为“财不外流”。可通风透光,四水归堂,又适应了肥水不流外人田的商人心态。

图3-3-6　天井

马头墙(图3-3-7),又称风火墙、防火墙、封火墙等,特指高于两山墙屋面的墙垣,也就是山墙的墙顶部分,因形状酷似马头,故称“马头墙”。马头墙高低错落,一般为两叠式或三叠式,较大的民居,因有前后厅,马头墙的叠数可多至五叠,俗称“五岳朝天”。早期的徽派建筑形式,正是外来移民与原住民文化交融的产物。

图3-3-7　马头墙

据传,“美人靠”(图3-3-8)是徽州民居楼上天井四周设置的靠椅的雅称。

脊吻(图3-3-9)指徽派大型屋脊的装饰件,采用大屋顶脊吻,有正吻、蹲脊兽、垂脊吻、角戗兽、套兽等,属徽派特色。

图 3-3-8　美人靠

图 3-3-9　脊吻

徽州的历史悠久且文风日盛，建筑及装饰雕刻艺术风格深受文人的影响，徽派建筑以黛瓦、粉壁、马头墙为表现特征，以高宅、深井（即天井）、大厅为居家特点，以砖雕、木雕、石雕（统称三雕）为装饰特色。在现代建筑的设计中，设计者往往通过提取传统建筑中的某些元素，或从形式上，或从精神上寻求一种文化的沿革。依山而建的村庄，精心设计的水系，营造出了一个符合科学和情感的居住环境。就建筑单体而言，相对封闭的形态允许建筑之间有更窄的间距，既解决了徽州地区地少人多的用地问题，又形成了一些宁静阴凉、富有生活气息的小巷空间。相对封闭的形态给居住者以安全感，天井的存在则满足了通风采光需求。

影响

徽州古民居村落选址、布局和建筑形态，都以周易风水理论为指导，体现了天人合一的中国传统哲学思想和对大自然的向往与尊重。那些典雅的明、清民居建筑群与大自然紧密相融，创造出一个既合乎科学，又富有情趣的生活居住环境，是中国传统民居的精髓。村落独特的水系是实用与美学相结合的水利工程典范，深刻体现了人类利用自然、改造自然的卓越智慧。

相关知识拓展

徽州，简称"皖"，位于新安江上游，古称歙州。宋徽宗在平定方腊起义后，于宣和三年（1121年），改歙州为徽州，从此历宋、元、明、清四代，统一府六县（歙县、黟县、休宁、婺源、绩溪、祁门），行政版图相对稳定。徽州是徽商的发祥地，明、清时期徽商称雄中国商界500多年，有"无徽不成镇""徽商遍天下"之说。徽文化已成为中国传统三大地域文化之一。1987年，国务院批准改徽州地区主体组建黄山市。

3.3.3　永定土楼——客家古城堡

概述

永定土楼（图3-3-10），位于中国东南沿海的福建省龙岩市，是世界上独一无二的神奇的山区民居建筑，是中国古建筑的一朵奇葩。客家土楼建筑闪耀着客家人的智慧，它具有防震、防火、防御等多种功能，通风和采光良好，而且冬暖夏凉。它的结构还体现了客家人世代相传的团结友爱传统。试想几百人住在同一幢大屋内朝夕相处，和睦共居当然是非常重要的，客家人淳朴敦厚的秉性于此也可见一斑。一进入土楼，你立即就能感觉到那种深沉的历史感和温和的气氛。全楼的设施布局既有苏州园林的印迹，也有古希腊建筑的特点，堪称中西合璧的建筑典范。

图3-3-10　永定土楼

特点

永定土楼千姿百态，种类繁多，分方楼和圆楼两大体系，其中有殿堂式楼、五凤楼、长方形楼、正方形楼、三合式楼、五角楼、六角楼、八角楼、纱帽楼、走马楼、日字形楼、曲尺形楼、吊脚楼、半月形楼、圆形楼、前圆后方楼、前方后圆楼、椭圆形楼等20多种建筑形式，永定被称为一座没有大门的中国客家土楼博物馆。其中最具代表性的是五凤楼、方楼和圆楼。

五凤楼（图3-3-11）是一种"三堂两横式"的组合楼房，在永定比较突出的有裕隆楼、福裕楼等10多座。它们的构造特点是在中轴线上，前、中、后堂与轴线两翼横楼连成一体，前低后高。楼顶歇山从后到前，呈五个层次，层层叠落。屋角飞檐，形如鸟翅，所以称五凤楼。

图3-3-11　五凤楼

整楼构造体现了强烈的等级观念，比一般的方楼显得更加气派和高贵。

方楼(图3-3-12)是以祖祠为中心，四周夯土墙按正方形嗣合的通廊式土楼。方楼的布局同五凤楼相近，但其坚厚土墙从上堂屋扩大到整体外围，十分明显的是，防御性大大加强。方楼与圆楼像一对孪生兄弟，除外形有别之外，其分布范围、建筑方式和结构功能几乎完全一样，只是方楼的数量比圆楼更多，且历史更为悠久，据说是先有方楼后有圆楼。可见方楼是中原方形民居的直接传承，而圆楼与福建当地的圆形围寨、围堡及沿海的抗风要求有关，产生的自然和文化背景比较复杂。

图3-3-12 方楼

方楼有单体方楼和复合方楼之分。单体方楼比较小，也比较简单，四坡式的瓦屋顶等高，巍然自立。复合方楼比较大，也比较复杂，一般在三至五层高的方形主楼前，用矮墙或附属建筑(住房或学校)围成前院。较大型的方楼屋顶高低错落，前低后高，作九脊组合。闽西客家方楼俗称“四角楼”，但其四角不带碉楼，与赣南、粤北和粤东四角带碉楼的“四角楼”客家围屋有别。

在各类土楼中，最令世界各地游客惊叹的就是当地人称为圆寨的圆形土楼(图3-3-13)。这种圆楼大部分分布在金峰溪流域的乡镇。圆楼外高内低，楼内有楼，环环相套，最具特色，其通风采光、抗台风地震、防卫功能比方楼好，赢得了许多中外专家学者、文人墨客的赞颂：犹如古罗马的城堡，直指云天；犹如黑色飞碟，从天而降；犹如朦胧古月，悬于东方；犹如一座古井，永不干涸；犹如一部读不完的百科全书，博大精深。

图 3-3-13　圆形土楼

一座土楼就是一个小社会。客居异地的客家人为了自身的生存和发展,先得最大限度地自给自足,而土楼的结构及功能充分满足了这个小农经济的特色需要。楼内的水井、厨房、仓储、卧室、粮食加工房、柴火间、猪牛舍、厕所等设施一应俱全。全家族人在得到基本的生活保障的同时,又尽享几代同堂、合家团圆的天伦之乐。

客家人居住在土楼,土楼和长城差不多,外墙是用糯米、石灰、蛋清和泥土混合筑成的,内部用黄木和杉木架构,夏可抵暑气,冬可抵洌风,还可自动调节室内的温度。

客家土楼防御性能比较好,一楼不开窗,楼内具备水井、粮,建造工艺世所罕见,土楼俗称"生土楼"。因其大多数为福建客家人所建,故又称"客家土楼"。它是以生土作为主要建筑材料,掺上细砂、石灰、糯米饭、红糖、竹片、木条等,经过反复揉、舂、压建造而成。楼顶覆以火烧瓦盖,经久不损坏。土楼高可达四五层,供三代或四代人同楼聚居。

福建土楼多具完善的防御功能。其外墙厚1—2米,一二层不开窗,仅有的坚固大门一关,土楼便成坚不可摧的堡垒。为防火攻,门上设有漏水漏沙装置,紧急时楼内居民还可从地下暗道逃出。如今,土楼早已不再是堡垒,但那些完备而精致的防御设施,仍让人们拍案称奇。

史料记载,一次震级测定为七级的地震使永定环极楼(图 3-3-14)墙体震裂20厘米,然而它却能自行复合。这足见土楼的坚韧。

圆形土楼是客家人居住的典范民居。圆形一般有两三圈,由内到外,环环相套。外圈高10多米,高三至四层,有一两百个房间。底层是厨房和餐房,二层是仓库,三、四层是居室。两圈两层,均有30—50个房间。中间是祖堂,是婚丧喜庆的公用场所。楼内有水井、浴室、磨坊等设施。

图3-3-14　永定环极楼

影响

1981年，承启楼被收入中国名胜辞典，号称“土楼王”，与北京天坛、敦煌莫高窟等中国名胜一起竞放异彩。1986年，我国邮电部发行一组中国民居系列邮票，其中福建民居邮票就是以承启楼为图案，该邮票在日本被评为当年最佳邮票。2008年7月，土楼成功列入世界遗产名录。它历史悠久，风格独特，规模宏大，结构精巧。土楼分方形和圆形两种。龙岩地区共有著名的圆楼360座，著名的方楼4000多座。1995年，承启楼与北京天坛作为中国南北圆形建筑代表在美国洛杉矶世界建筑展览会被推介，引起了轰动，被誉为“东方建筑明珠”。

相关知识拓展

土楼节，既展示了客家土楼风采和客家民俗风情，也为土楼申报世界文化遗产营造了声势，进一步提高土楼知名度，把土楼推向世界。1995年11月，永定县成功地举办了首届“永定客家土楼文化观光节”。开幕式上，走古事、舞龙、婚俗、山歌等客家民俗文艺表演丰富多彩，民风古朴，吸引了海内外来宾的目光。来自欧美、新加坡等国家和地区的各界人士参加了土楼节开幕式。2001年、2011年永定县也相继成功举办了土楼节。

3.4 中国佛教建筑

3.4.1 五台山佛光寺——唐代木构殿堂的典范

概述

山西五台山佛光寺(图3-4-1)属全国重点文物保护单位,位于五台县的佛光新村,距县城30千米。因为此寺历史悠久,寺内佛教文物珍贵,故有“亚洲佛光”之称。寺内正殿即东大殿,于857年建成。从建筑时间上说,它仅次于建于唐建中三年(782年)的五台县南禅寺正殿以及芮城县广仁王庙(831年),在全国现存的木结构建筑中居第三。佛光寺的唐代建筑、唐代雕塑、唐代壁画、唐代题记历史价值和艺术价值都很高,被人们称为“四绝”。

图3-4-1 五台山佛光寺

特点

佛光寺坐东向西,东、南、北三面环山,唯西向疏阔开朗。寺院建筑因地势建造,高低层叠,主从有序。全寺有院落三重,分建在梯田式的寺基上。寺内现有殿、堂、楼、阁等一百二十余间。寺内唐代东大殿位于寺院最后山腰,殿内彩塑、壁画、墨书题记均为唐代原物,院内金建文殊殿、魏唐墓塔、唐石经幢等,都是具有高度历史价值和艺术价值的珍贵文物。1961年,佛光寺被国务院公布为全国重点文物保护单位。

隋唐之际,佛光寺已是五台山名刹,寺名屡见于传记。在敦煌石窟壁画《五台山图》中,佛光寺占据了显要位置。唐武宗会昌五年(845年)灭法,寺内除几座墓塔外,其余建筑全部被毁。宣宗复法,大中十一年(857年)京都女弟子宁公遇和高僧愿诚主持重建。现存东大殿及殿内彩塑、壁画等，就是这次重建后的遗物。金代于寺内前院两侧建文殊、普贤二殿。元代补修殿顶，添配脊兽；明清重建天王殿、伽蓝殿、香风花雨楼、关帝殿、万善堂等；清末普贤殿焚毁；民国初年增筑窑洞和南北厢房，始成今日规模。

东大殿(图3-4-2)重建于唐大中十一年(857年)，面宽七间，通面宽达34米，进深四间八椽，达18.12米，单檐五脊庑殿顶，屋顶坡度平缓，屋檐伸出很远，前檐五间设板门，两边尽间筑槛墙并安直棂窗。柱上施一周七铺作斗拱，硕大雄浑。东大殿体现出唐代建筑宏大豪迈的气象，是我国现存规模最大，保存最完整的唐代木构遗存。殿内梁架底部有墨书题记“功德主故右军中尉王，佛殿主上都送供女弟子宁公遇”，与殿前经幢刻字“佛殿主上都送供女弟子宁公遇”“大中十一年十月建造”相印证，明确了其建筑年代。殿内两山墙及后檐墙壁前塑有五百罗汉像，为明宣德四年(1429年)补塑，现仅存261尊。殿内内槽眼壁和明间佛座后保存唐代壁画60余平方米。

图3-4-2　东大殿

大殿板门四周门槛和地栿为实心枋、门额和立颊用4厘米厚的板材钉成。据板门和立颊背面游人墨书题记可知，这些构件都是唐代原物，实属罕见。殿身施檐柱和内柱各一周，计有柱22根，内柱14根，分作内外两槽，呈“回”字形布局，形成面阔五间、进深两间的内槽和宽及一间的外槽。大殿在建筑结构上由檐柱、内柱及柱上的阑额组成内外两圈柱架，然后再于柱上施斗、明栿、乳栿、柱头枋等部件，将檐柱和内柱紧密连接成稳固坚实的柱网构架。外槽斗仅出一跳，而外槽高度约为进深的1.7倍，构成了狭长高深的空间。内槽结构比较复杂，在柱上以连续四跳斗拱承托明栿。明栿上置十字形间斗拱，承托平棊枋，在平棊枋形成的方形框格间用小椽做成小方格，上覆素板，即为天花，这样便造了一个比外槽升高的空间，以便在五间内槽各安置一组佛像。高大的主佛像背光顶部微向内弯，与后柱上面的斗拱出跳及天花抹斜部位平行贴合，使得内槽的建筑空间与佛像形成了相互协调的有机整体，内外槽柱、枋巧妙地置于佛像的四周而不致影响观者的视线，不高的佛坛、较主佛像低矮的内柱、内槽顶部的高深空间在无形中增大了佛像的尺度比例，有助于突出佛像的主体地位。檐柱与内柱等高，直径相同，微向内倾，侧角生起显著，角柱亦有明显生起，故使建筑立面显得庄重而稳固。内柱柱础不雕花饰，前檐柱柱础则满雕覆盆式宝妆莲瓣，如盆倒置，每一莲瓣均于中间起脊，两侧凸起椭圆形泡点，瓣尖卷起作如意头，是唐代建筑常见之风格，造型与雕工均极精致。后椅柱和后槽金柱就山崖开凿安装（我们目前见到的是，为保护建筑，山崖切削部分土石方，与大殿隔开了），坚固有力。大殿内、外柱柱头上和柱与柱之间均设置庞大肥硕的斗拱，用以支撑梁枋在柱头的剪力，承托深远翼出的屋檐，将殿顶的重量传递至内、外柱上。

根据斗拱（图3-4-3）的形状、构造和位置，可分为外檐柱头斗拱、外檐补间斗拱、外檐转角斗拱、内槽前柱头斗拱、内槽后柱头斗拱、内槽补间斗拱、内槽转角斗拱共七种，各种不同的造型，在结构上都起着一定的承托作用。柱头所施横材阑额伸至角柱，插入柱内不出头，是唐代建筑特色。柱头上未施普拍枋而直接承托斗拱，乃唐代建筑的又一特征。

图3-4-3　斗拱

殿前立石经幢，为唐宣宗大中十一年（857年）建造，平面呈八角形，通高2.84米，下部为须弥式基座，其束腰处镌刻壶门，其上雕狮子及仰、覆莲瓣，莲中夹狮六只，幢身镌刻佛顶尊胜陀罗尼经文、施主姓名和建幢年款，顶部镌刻八角宝盖，盖上镌刻八角矮柱，四个正面各镌刻佛像一龛，再上为莲瓣、宝珠。

影响

佛光寺大殿并不高大，看似平常，但被我国著名的建筑学家梁思成称为“中国第一国宝”，因为它打破了日本学者的断言：在中国大地上没有唐朝及其以前的木结构建筑。佛光寺为中国现存建造时间排名第三的木结构建筑（仅次于在五台县的南禅寺和芮城县的广仁王庙）。

相关知识拓展

①香港志莲净苑大雄殿（图3-4-4）：位于香港钻石山的志莲净苑，始建于1936年，占地3万多平方米，坐北向南，背山面海。60多年来致力安老、教育、社会福利及宗教文化等事业。寺院建筑的架构全部采用实木建造，从屋顶瓦片，到斗拱、门窗、柱础等的样式，梁柱的比例等，都严格按照唐代古建筑的样式，完美再现了我国唐代木构建筑的风采。

图3-4-4　香港志莲净苑大雄殿

②上海罗店镇宝山寺大雄殿（图3-4-5）：寺院始建于明朝正德六年（1511年）。2005年5月29日吉时奠基开建，为晚唐宫殿式建筑风格，以非洲红花梨纯木卯榫构造，结构严谨，古朴厚重，规模居沪上佛教寺院之首，寺院总建筑面积约1.2万平方米。

图3-4-5　罗店镇宝山寺大雄殿

3.4.2 布达拉宫——高原圣殿

布达拉宫(图3-4-6),坐落于中国西藏自治区的首府拉萨市区西北玛布日山上,是世界上海拔最高,集宫殿、城堡和寺院于一体的宏伟建筑,也是西藏最庞大、最完整的古代宫堡建筑群。

图3-4-6 布达拉宫

布达拉宫依山垒砌,群楼重叠,是藏式古建筑的杰出代表(据说源于桑珠孜宗堡),是中华民族古建筑的精华之作。主体建筑分为白宫和红宫两部分。布达拉宫前辟有布达拉宫广场,是世界上海拔最高的城市广场。

布达拉宫最初为吐蕃王朝赞普松赞干布为迎娶尺尊公主和文成公主而兴建。1645年(清顺治二年)清朝属国和硕特汗国时期护法王固始汗和格鲁派摄政者索南群培重建布达拉宫之后,成为历代达赖喇嘛冬宫居所,以及重大宗教和政治仪式举办地,也是供奉历世达赖喇嘛灵塔之地,旧时与驻藏大臣衙门共为统治中心。1988—1994年再次大规模修缮。

整体结构

布达拉宫海拔3700米,占地总面积36万平方米,建筑总面积13万平方米,其中宫殿、灵塔殿、佛殿、经堂、僧舍、庭院等一应俱全。

布达拉宫外观13层,高110米,自山脚向上,直至山顶。由东部的白宫(达赖喇嘛居住的地方)和中部的红宫(佛殿及历代达赖喇嘛灵塔殿)组成。红宫前面有一白色高耸的墙面为晒佛台,在佛教的节日用来悬挂大幅佛像挂毯。

布达拉宫整体为石木结构,宫殿外墙厚达2—5米,基础直接埋入岩层。墙身全部用花岗岩砌筑,高达数十米,每隔一段距离,中间灌注铁汁,进行加固,提高了墙体抗震能力,坚固稳定。

屋顶和窗檐都是木制,飞檐外挑,屋角翘起,铜瓦鎏金,用鎏金经幢、宝瓶、摩蝎鱼和金翅乌做脊饰。闪亮的屋顶采用歇山式和攒尖式,具有汉代建筑风格。屋檐下的墙面装饰有鎏金铜饰,形象都是佛教法器式八宝,有浓重的藏传佛教色彩。柱身和梁枋上布满了鲜艳的彩画和华丽的雕饰。内部廊道交错,殿堂杂陈,空间曲折莫测。

布达拉宫依山垒砌,群楼重叠,殿宇嵯峨,气势雄伟,坚固的花岗石墙体,平展的白玛草墙领,金碧辉煌的金顶,具有强烈装饰效果的巨大鎏金宝瓶、幢和红幡,交相辉映,红、白、黄3种色彩对比鲜明,分部合筑、层层套接的建筑型体,都体现了藏族古建筑迷人的特色。

白宫(图3-4-7)是达赖喇嘛的冬宫,也曾是原西藏地方政府的办事机构所在地,高七层。白宫因外墙为白色而得名,现存布达拉宫最古的建筑是法王洞。9世纪时,布达拉宫因吐蕃内乱遭到破坏,仅存法王洞。洞内供着据传为松赞干布生前所造的他自己和文成公主、尼泊尔尺尊公主等人并列的塑像。

图3-4-7　白宫

白宫最顶层是达赖的寝宫"日光殿",殿内有一部分屋顶敞开,阳光可以射入,晚上再用篷布遮住,因此得名。日光殿分东西两部分,西日光殿(尼悦索朗列吉)是原殿,东日光殿(甘丹朗色)是后来仿造的,两者布局相仿,分别是十三世和十四世达赖的寝宫,也是他们处理政务的地方。这里等级森严,只有高级僧俗官员才被允许进入。殿内包括朝拜堂、经堂、习经室和卧室等,陈设均十分豪华。

白宫的第五、六层都是生活和办公用房等。

第四层是白宫最大的殿宇东大殿（措钦厦），是布达拉宫白宫最大的殿堂，面积717平方米，殿长27.8米，宽25.8米，内设达赖宝座，上悬同治帝书写的“振锡绥疆”匾额。布达拉宫的重大活动如达赖坐床典礼、亲政典礼等都在此举行。白宫外部有“之”字形的上山蹬道。东侧的半山腰有一块宽阔的广场，称作德央厦，是达赖喇嘛观看戏剧和举行户外活动的场所。广场的南北两侧建有僧官学校等。

白宫在红宫的下方与扎厦相连。扎厦位于红宫西侧，是为布达拉宫服务的喇嘛们的居所，最多时居住着僧众25000多人。它的外墙都是白色，因此通常也被看作是白宫的一部分。

红宫（图3-4-8）位于布达拉宫的中央位置，外墙为红色。宫殿采用了曼陀罗布局，围绕着历代达赖的灵塔殿建造了许多经堂、佛殿，从而与白宫连为一体。

图3-4-8　红宫

红宫最主要的建筑是历代达赖喇嘛的灵塔殿，共有五座，分别是五世、七世、八世、九世和十三世。各殿形制相同，但规模不等。其中最大五世达赖灵塔殿（藏林静吉）殿高三层，由十六根大方柱支撑，中央安放五世达赖灵塔，两侧分别是十世和十二世达赖的灵塔。五世达赖灵塔殿的享堂西大殿（措钦鲁，亦名司西平措）是红宫中最大的殿堂，高6米多，面积达725.7平方米。殿内悬挂乾隆帝亲书的“涌莲初地”匾额，下置达赖宝座。整个殿堂雕梁画栋，有壁画698幅，内容多与五世达赖的生平有关。在红宫的西部是十三世达赖灵塔殿（格来顿觉），建于1936年，是布达拉宫最晚建成的建筑。其规模之大也可与五世达赖灵塔殿相媲美，殿内除了灵塔，还供奉着一尊银造的十三世达赖像和一座用20万颗珍珠、珊瑚珠编成的法物“曼扎”。

红宫中的法王殿（曲结哲布）和圣者殿（帕巴拉康）相传都是吐蕃时期遗留下来的建筑。法王殿正处在布达拉宫的中央位置，它的下面就是玛布日山的山尖。据说这里曾经是松赞干布的静修之所，现供奉着松赞干布、尺尊公主、文成公主以及大臣们的塑像。圣者殿供奉松赞干布的主尊佛——一尊由檀香木天然形成的观世音菩萨像。红宫的屋顶平台上布满各灵塔殿的金顶，全部是单檐歇山式，以木制斗拱承托外檐，上覆鎏金铜瓦。顶端立一大二小三座宝塔，金光灿灿，煞是耀眼。屋顶外围的女墙用一种深紫红色的灌木垒砌而成，外缀各种金饰，墙顶立有巨大的鎏金宝幢和红色经幡，体现出强烈的藏式风格。

红宫中的另外一些宫殿也很重要。三界兴盛殿（萨松朗杰）是红宫最高的殿堂，藏有大量经书和清朝皇帝的画像。坛城殿（洛拉康）有三个巨大的铜制坛城（曼陀罗），供奉密宗三佛。持明殿（仁增拉康）主供密宗宁玛派祖师莲花生及其化身像。世系殿（仲热拉康）供金质的释迦牟尼十二岁像和银质五世达赖像，十世达赖的灵塔也在此殿。

红宫，主要是达赖喇嘛的灵塔殿和各类佛殿，共有8座存放各世达赖喇嘛法体的灵塔，其中以五世达赖喇嘛灵塔为最大。西有寂圆满大殿（措达努司西平措）是五世达赖喇嘛灵塔殿的享堂，也是布达拉宫最大的殿堂，面积725平方米，内壁满绘壁画。其中，五世达赖喇嘛去京觐见清顺治皇帝的壁画是最著名的。殿内达赖喇嘛宝座上方高悬清乾隆皇帝御书“涌莲初地”匾额。法王洞（曲吉竹普）等部分建筑是吐蕃时期遗存的布达拉宫最早的建筑物，内有极为珍贵的松赞干布、文成公主、尺尊公主和禄东赞等人的塑像。殊胜三界殿，是红宫最高的殿堂。现供有清乾隆皇帝画像及十三世达赖喇嘛花费万余两白银铸成的一尊十一面观音像。此外还有上师殿、菩提道次第殿、响铜殿、世袭殿等殿堂。

影响

布达拉宫坐落于中国西藏自治区的首府拉萨市区西北玛布日山上，是世界上海拔最高，集宫殿、城堡和寺院于一体的宏伟建筑，也是西藏最庞大、最完整的古代宫堡建筑群。

布达拉宫是藏传佛教（格鲁派）的圣地，每年至此的朝圣者及旅游观光客不计其数。1961年3月，国务院列其为首批全国重点文物保护单位；1994年12月，联合国教科文组织列其为世界文化遗产；2013年1月，国家旅游局又列其为国家AAAAA级旅游景区。

相关知识拓展

①日喀则江孜县的宗堡

江孜宗堡(图3-4-9)即江孜古堡,位于西藏江孜县城,也叫江孜宗山古堡、江孜宗堡,因古堡所在的石山叫宗山,"宗",在过去的西藏是行政单位。现有江孜宗山抗英遗址。其现存大体样式早于桑珠孜宗堡(13宗堡最后一个),应该影响了后者的建筑风格,但两者又有很大差异。

图3-4-9　江孜宗堡

②日喀则的桑珠孜宗堡

桑珠孜宗堡(图3-4-10)含义是桑珠孜宗(13宗之一)的官堡,这座宏伟的山巅官堡建筑是日喀则的地标性建筑,位于桑珠孜区(老日喀则市的新名)的宗山上,很多日喀则人称其为小布达拉宫。桑珠孜宗堡建于1360年,有600多年的历史了,宗堡分四层,有房屋300多间。

图3-4-10　桑珠孜宗堡

③河北省普陀宗乘之庙

河北省避暑山庄的普陀宗乘之庙(图3-4-11)为承德外八庙中规模最宏大者,建于清朝乾隆三十六年(1771年),是乾隆皇帝为了庆祝自己60寿辰和母亲皇太后80寿辰下旨仿西藏布达拉宫所建。

图3-4-11　普陀宗乘之庙

3.4.3　应县佛宫寺释迦塔——我国现存最古老的木塔

概述

释迦塔(图3-4-12)全称佛宫寺释迦塔,位于山西省朔州市应县城西北佛宫寺内,俗称应县木塔。该塔建于辽清宁二年(1056年),金明昌六年(1195年)增修完毕,是中国现存最高最古老的唯一一座木构塔式建筑,全国重点文物保护单位,国家AAAA级景区。释迦塔高67.31米,底层直径30.27米,呈平面八角形。全塔耗用红松木料3000立方米,2600多吨,纯木结构、无钉无铆。塔内供奉着两颗释迦牟尼佛牙舍利。

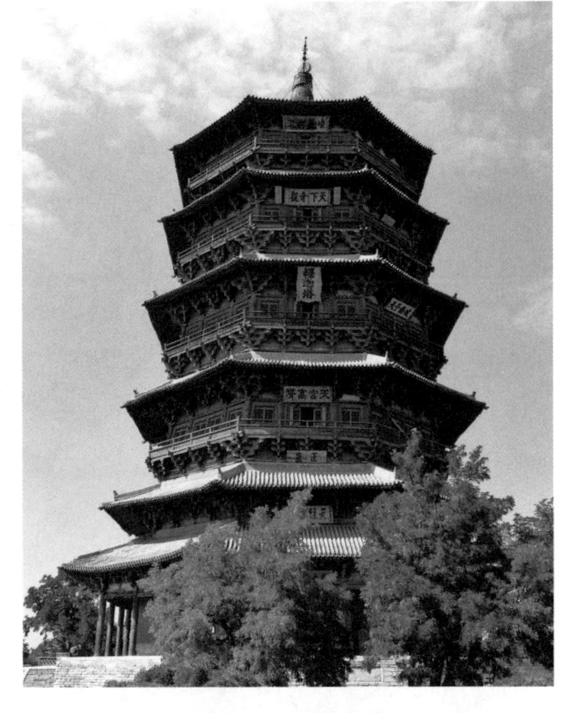

图3-4-12　释迦塔

特点

建筑布局

释迦塔位于寺南北中轴线上的山门与大殿之间，属于“前塔后殿”的布局。塔建造在4米高的台基上，高67.31米，底层直径30.27米，呈平面八角形。第一层立面重檐，以上各层均为单檐，共五层六檐，各层间夹设暗层，实为九层。因底层为重檐并有回廊，故塔的外观胛为六层屋檐。各层均用内、外两圈木柱支撑，每层外有24根柱子，内有8根，木柱之间使用了许多斜撑、梁、枋和短柱，组成不同方向的复梁式木架。整个木塔共用红松木料3000立方米，2600多吨。该塔身底层南北各开一门，二层以上周设平座栏杆，每层装有木质楼梯，游人逐级攀登，可达顶端。二至五层每层有四门，均设木隔扇。塔内各层均塑佛像。一层为释迦牟尼，高11米。内槽墙壁上画有六幅如来佛像，门洞两侧壁上也绘有金刚、天王、弟子等。二层坛座方形，上塑一佛二菩萨和二胁侍。塔顶作八角攒尖式，上立铁刹。塔每层檐下装有风铃。释迦塔的设计，大胆继承了汉、唐以来富有民族特色的重楼形式，充分利用传统建筑技巧，广泛采用斗拱结构，全塔共用斗拱54种。每个斗拱都有一定的组合形式，有的将梁、枋、柱结成一个整体，每层都形成了一个八边形中空结构层。结构特点如图3-4-13所示。

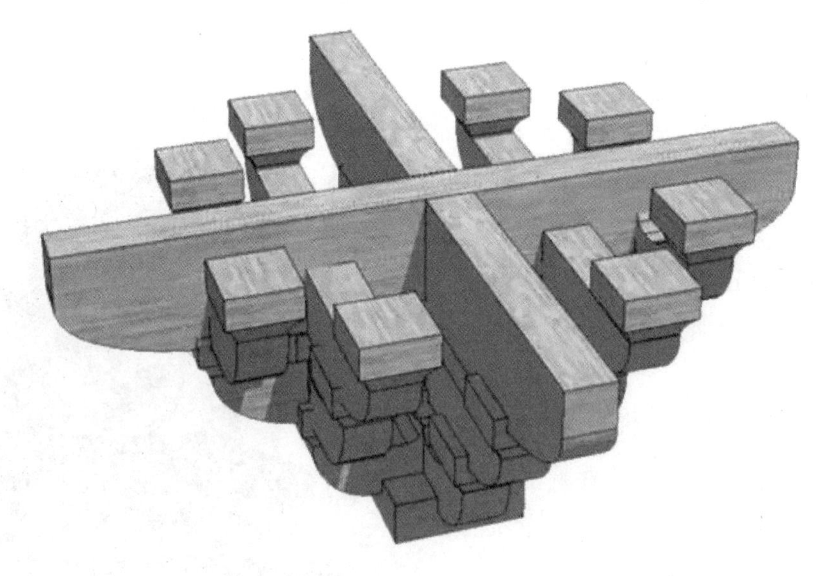

图3-4-13

释迦塔除经受日夜、四季变化、风霜雨雪侵蚀外，还遭受了多次强地震袭击，仅烈度在V以上的地震就有十几次。

建筑结构的奥妙、周边环境的特殊性，加上人为保护的因素，木塔千年不倒，存在着一定的合理性。

减震设计

中国工程院院士叶可明和江欢成认为，保证木塔千年不倒的原因如下。

从结构力学的理论来看，木塔的结构非常科学合理，卯榫结合，刚柔相济，这种刚柔结合的特点有着巨大的耗能作用，这种耗能减震作用的设计，甚至超过现代建筑学的科技水平。

从结构上看，一般古建筑都采取矩形、单层六角或八角形平面。而木塔是采用两个内外相套的八角形，将木塔平面分为内外槽两部分。内槽供奉佛像，外槽供人员活动。内外槽之间又分别有地栿、栏额、普柏枋和梁、枋等纵向横向相连接，构成了一个刚性很强的双层套桶式结构。这样，就大大增强了木塔的抗倒伏性能。

木塔外观为5层，而实际为9层。每两层之间都设有一个暗层。这个暗层从外看是装饰性很强的斗拱平座结构，从内看却是坚固刚强的结构层，建筑处理极为巧妙。在历代的加固过程中，又在暗层内非常科学地增加了许多弦向和经向斜撑，组成了类似于现代的框架构层。这个结构层具有较好的力学性能。有了这4道圈梁，木塔的强度和抗震性能也就大大增强了。

斗拱是中国古代建筑所特有的结构形式，靠它将梁、枋、柱连接成一体。由于斗拱之间不是刚性连接，所以在受到大风、地震等水平力作用时，木材之间会产生一定的位移和摩擦，从而可吸收和损耗部分能量，起到了调整变形的作用。除此之外，木塔内外槽的平座斗拱与梁枋等组成的结构层，使内外两圈结合为一个刚性整体。这样，一柔一刚便增强了木塔的抗震能力。释迦塔设计有近六十种形态各异、功能有别的斗拱，是中国古建筑中使用斗拱种类最多、造型设计最精妙的建筑，堪称一座斗拱博物馆。

影响

山西应县佛宫寺释迦塔，建造于辽清宁二年(1056年)，是古代应州城的标志性建筑，是现存最高的全木结构高层塔式建筑，堪称木构建筑的奇迹。1961年中华人民共和国国务院公布应县木塔为首批全国重点文物保护单位，它是中国境内仅存的8座辽代木构建筑之一，同时也是世界现存最古老、最高大的全木结构高层塔式建筑，与意大利比萨斜塔、巴黎埃菲尔铁塔并称“世界三大奇塔”，被吉尼斯世界纪录认证为“世界最高木塔”。

相关知识拓展

①嵩岳寺塔(图3-4-14)

嵩岳寺塔位于河南省登封市区西北5公里嵩山南麓峻极峰下的嵩岳寺内，是中国现存最古老的砖塔，中国唯一的一座十二边形塔，是世界文化遗产天地之中历史建筑群组成部分，国务院首批全国重点文物保护单位。嵩岳寺始建于北魏宣武帝永平二年，原为宣武帝的离宫，后改建为佛教寺院；孝明帝正光元年改名“闲居寺”。隋文帝仁寿二年改名嵩岳寺，唐朝武则天和高宗游嵩山时，曾把嵩岳寺作为行宫。现塔院内大雄宝殿及两侧的伽蓝殿、白衣殿均为清时所建，唯此塔为北魏时物，是我国古建筑中的瑰宝。

图3-4-14 嵩岳寺塔

②千寻塔(图3-4-15)

千寻塔位于云南大理县城西北崇圣寺内，是崇圣寺三塔中最大的一座，位于南北两座小塔前方中间，所以又称中塔。塔的全名为“法界通灵明道乘塔”，建于南诏王劝丰祐时期(824—859年)。塔心中空，在古代有井字形楼梯可以供人攀登。通体自上而下有两重塔基和塔身。塔身16层，每层正面中央开券龛，龛内有白色大理石佛像一尊。

图3-4-15 千寻塔

3.5　其他建筑

3.5.1　吴哥窟——高棉的微笑

概述

吴哥窟(Angkor Wat)(图3-5-1),又称吴哥寺,位于柬埔寨,被称作柬埔寨国宝,是世界上最大的庙宇,同时也是世界上最早的高棉式建筑。吴哥窟原始的名字是Vrah Vishnulok,意思为“毗湿奴的神殿”,中国佛学古籍称之为“桑香佛舍”。苏利耶跋摩二世(1113—1150年在位)时为供奉毗湿奴而建,三十多年才完工。吴哥窟是吴哥古迹的精华部分,也是柬埔寨早期建筑风格的代表。

图3-5-1　吴哥窟

吴哥窟的整体布局(图3-5-2),从空中乘坐热气球就可以一目了然:一道明亮如镜的长方形护城河,周围是长满郁郁葱葱树木的绿洲,绿洲被一道寺庙围墙环绕。绿洲正中的建筑是吴哥窟寺的印度教式的须弥山金字坛。

吴哥窟寺坐东朝西。一道由正西往正东的长堤,横穿护城河,直通寺庙围墙西大门。过西大门,有一条较长的道路,穿过翠绿的草地,直达寺庙的西大门。在金字塔式的寺庙的最高层,可见矗立着五座宝塔,如骰子五点梅花,其中四个宝塔较小,排四隅,一个大宝塔巍然

矗立正中，与印度金刚宝座式塔布局相似，但五塔的间距宽阔，宝塔与宝塔之间连接游廊，此外，须弥山金刚坛的每一层都有回廊环绕，此乃吴哥窟建筑的特色。

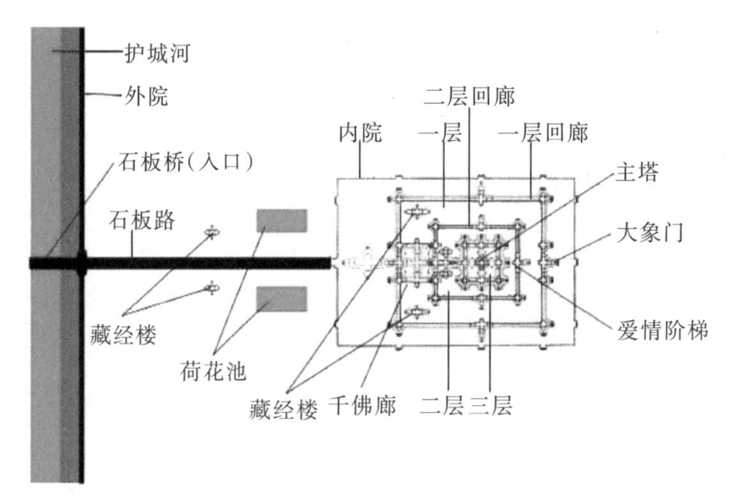

图 3-5-2　整体布局

吴哥窟是行政和礼拜神君的中心，许多大庙都反映了印度的宇宙论和神话主题。

台基结构（图 3-5-3），源自希腊，传入印度逐渐演变成为吴哥窟建筑重要特色之一。可能是因为柬埔寨常遭受湄公河洪水泛滥之灾，时至今日许多民居仍搭在高架上以避洪水，吴哥窟许多古迹都有台基。

图 3-5-3　台基结构

回廊（图 3-5-4）是吴哥窟另一个突出的建筑艺术特色。吴哥窟的回廊由三个元素组成，内侧的墙壁兼朔壁，外向的成排立柱和双重屋檐的廊顶。

图3-5-4　回廊

回廊首先出现于空中宫殿的顶层台基，在吴哥窟发展到巅峰，三层台基各有回廊，最终归结到主体中心宝塔。

长长的画廊（图3-5-5），数十根立柱，一字排开，为吴哥窟的总体外观，添加横向空间的节奏感。画廊的重檐，为吴哥窟的外观添加纵向节奏感。

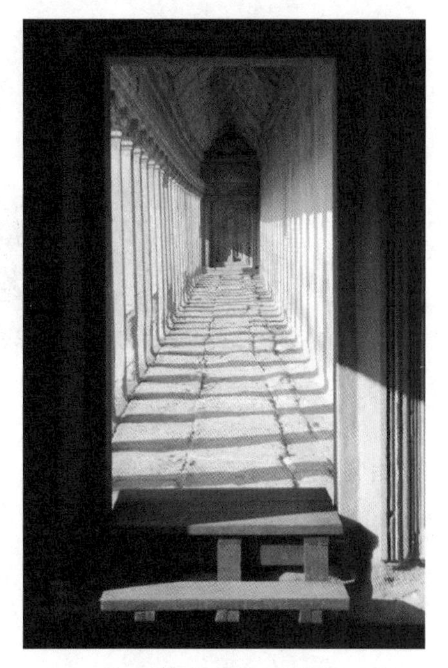

图3-5-5　画廊

吴哥窟之所以被称为高棉建筑艺术登峰造极之作，是因为它有机地融合了前期建筑艺术中的宝塔、长廊、回廊、祭坛等要素。

巴肯山（图3-5-6）是吴哥主要遗迹群内的一座小山丘，在吴哥窟西北1.5千米处，高67米，是附近唯一的制高点，可以骑大象上山。山丘上有一座吴哥庙宇遗迹，是耶输跋摩一世将大吴哥城附近地区作为首都后建造的第一座国庙，也奠定了后来吴哥建筑的基础格局。山顶上的巴肯寺虽然早已破败，但它是高棉王朝移都吴哥建造的第一座寺庙，被称为“第一次吴哥”。

十二生肖塔（图3-5-7）在通往吴哥通王城胜利大门的道路的前端，在吴哥古皇宫前约1200米（3937英尺）处。可从东侧进出。这座塔由阇耶跋摩七世下令，于12世纪末建成，属拜云建筑风格。十二生肖塔是用来关押犯人令其忏悔的地方，怪不得塔形抽象，不具形，看不出哪一座是龙，哪一座是蛇。再从塔群看过来，正对着最高法院遗址，巍峨矗立，可想见高棉国王当年也有法治威严。

图3-5-6　巴肯山

图3-5-7　十二生肖塔

吴哥窟庄严匀称，比例和谐，无论是建筑技巧，还是雕刻艺术，都达到极高水平。吴哥窟坐东朝西，平面呈长方形，有两重石砌墙。面积1000米×850米，外墙之外有壕沟，壕沟宽190米，东西长1500米，南北宽1300米，周长约5.6千米。吴哥窟正门向西，与大吴哥王城南门外大道连接，门楼上立三塔，门内是一庭院，院东有一长147米的大道通向内围墙入口。大道两侧各有藏书室和池塘一处。内围墙140米，长270米，墙内的主体建筑在三层台阶之上，台基高23米，底面积215米×187米，除第三层为75米×75米的正方形外，第一、二层均为长方形，每层的四边各有左、中、右三条石阶梯连接上一层。在最高一层的平台上，矗立着象征诸神之家和宇宙中心的5座尖顶宝塔，正中央一座宝塔最高，达42米，即高出地面65.5米，其余4塔较矮，分立于平台四角。第二层平台的四角也各有一座截顶宝塔。每一层平台的四周都绕以石砌回廊。廊内有庭院、藏经楼、壁龛、神座等。各层均有石雕门楼和连接上下层的阶梯，阶梯的栏杆上都有7条石雕巨蟒盘绕，阶梯两旁还饰有精美的石狮子。全部宝塔、门楼都饰以石雕莲花，约有1万个。

影响

1992年联合国教科文组织将吴哥古迹列入世界文化遗产。此后吴哥窟作为吴哥古迹的重中之重,成了柬埔寨一张亮丽的旅游名片。

最大的宗教结构:历史上建造得最大的宗教建筑是吴哥窟(城市寺庙),位于柬埔寨,占地162.6公顷(401英亩)。它是由高棉国王苏利耶跋摩二世在1113—1150年为印度教的毗瑟奴神建造的。它的幕墙长1280米,在1432年被废弃之前,它的人口是8万。这座寺庙是900年开始修建的72座主要古迹建筑群的一部分,全长24.8千米。

相关知识拓展

牛皮画(图3-5-8):1966年5月,柬埔寨暹粒省省长赠国务院副总理李先念。牛皮画《吴哥寺》纵34.7厘米,横68.8厘米。吴哥寺是柬埔寨的印度教毗湿奴神庙,又称吴哥窟,建于12世纪初。该寺全部用砂岩重叠砌成,占地约2平方千米,四周有城壕环绕。神庙围有依次增高的3层回廊,各回廊的四角配有高塔,以中心塔(高出地面65米)为顶点,形成高度依层次递减的高塔群,呈现出均衡美。

图3-5-8　牛皮画

3.5.2　桂离宫——日本古典第一园

概述

桂离宫(图3-5-9)位于京都西京区。它由江户时代的17世纪皇族为八条宫的别墅而创立的建筑群和园林组成。面积约7万平方米,其中园林部分约5.8万平方米。桂离宫是皇宫另外设置的宫殿之意,“桂离宫”这一名称始于明治十六年(1883年),在那以前,被称为“桂别业”。江户时代初期建造的庭园和建筑物,传达了当时的朝廷文化的精髓。回游式的庭园被称为日本庭园的杰作。另外,建筑中的书院以书院造茶室风格为基调。庭院里有茶楼的茶馆,是宫内厅京都事务所管理的。

图 3-5-9　桂离宫

特点

桂离宫总体布局(图 3-5-10):桂离宫是舟游式与回游式相结合的园林,既可依园路步

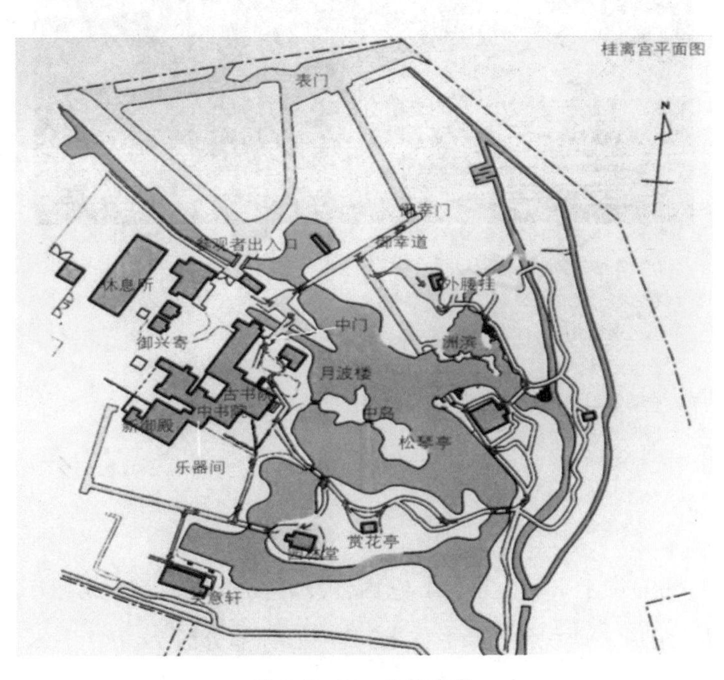

图 3-5-10　总体布局

行，徜徉于山水之间，又可坐船穿梭于洲岛之间。所有建筑的正立面都面向水池，通船的水路上架起高大的土桥，水湾处架设石梁。平面布局不是轴线式，而是中心式，所有景点都环水而建。

心字池位于庭院的中心，池中有五个大小各异的小岛，将水面划分为几部分，岛上有土桥、木桥和石桥通向池岸。书院群是桂离宫的中枢建筑，在心字池的西岸。从古书院北侧的月波楼开始，顺时针摆放着七座小品建筑，其间穿插若干景点。

桂离宫建筑的主体部分——三座连为一体的宫殿建筑群：古书院、中书院和新御殿。古书院（图3-5-11）和中书院（图3-5-12）所处的位置使之能够在夏日避免阳光的直晒，冬日获取阳光的温暖，而在秋天则能够欣赏满月。因为楼房的高度不同，使得房顶能以其悬垂的房檐创造出千姿百态的优美韵律。

图3-5-11　古书院

图3-5-12　中书院

御幸门（图3-5-13）是桂离宫大门内的第一座内门，是一座简朴的茅草屋顶大门。

图3-5-13　御幸门

外腰挂(图3-5-14),这是园内举行活动前的等待室,是一座木结构的茅草亭,地面土石相间,四周墙面透空,里面放着一条长长的木椅,形制简朴。

图3-5-14 外腰挂

松琴亭(图3-5-15)是园内主要的茶室所在地,三面环水,既是园中的主要观赏点,也是全园各处的重要外景,造型纯朴轻巧,是茶室的典型作品。

图3-5-15 松琴亭

园林堂(图3-5-16)是一座与众不同的佛堂,形制比较严谨,采用中国传统式的筒瓦屋顶,内部也较封闭,与周围观赏建筑形成强烈对比,更显其性质的特殊。

图3-5-16　园林堂

桂离宫建筑的壮大方式：书院建筑群经历了几次扩建，每一次扩建都是沿着原有建筑的对角线铺展开来。这样的壮大方式使原来进深较浅的书院空间扩大了纵深感，增加了内部与外部的接触面，各个组团的主要空间都具有良好的景观效果。而次要的服务型房间也能够沿着对角线退到比较隐蔽的位置。沿对角线展开时，每个新扩建的组团依次后推，形成连续曲折的建筑外轮廓，丰富了景观层次。

建筑材料的应用：自然掉落的树木留下痕迹，经过多年的生长之后虽会被年轮包裹，但缺口周围会微微隆起，中心部位呈现出内凹状，被称作"酒窝"。桂离宫中使用了大量含有这种酒窝的原木，这些酒窝都出现在能被人们看到的地方，而人们看不到的一侧根本不会出现酒窝，所以这些酒窝是事先考虑好的，是被设计的。当建筑把材料本身的机理作为一种景观呈现出来，木材则成为建筑风格的重要组成部分，使建筑与周围环境更加紧密地结合在一起。

影响

桂离宫的建筑和庭园布局，体现了日本民族建筑的精华。不少外国人认为，"日本之美"即以桂离宫为代表。桂离宫虽为日本古典园林，但对现代建筑起着重要的作用。对于传统建筑的传承给了当下设计师们无数的启发。

相关知识拓展

日本园林的历史

史前时代:日本在公元3—4世纪时即有苑园。从大化革新到奈良时代末期(645—780年)出现了较为发达的文化(史称“奈良文化”),园林也得到发展。

飞鸟时代:(538年)从百济传入佛教后,日本文化有了新的发展,建筑、雕刻、绘画、工艺也从中国输入到日本列岛而兴盛起来。在庭园方面,首推古天皇时代(593—618年),因受佛教影响,在宫苑的河畔、池畔和寺院内,布置石造、须弥山作为庭园主体。

平安时代:(794—1192年),京都山水优美,都城里多天然的池塘、涌泉、丘陵,土质肥沃,树草丰富,岩石质良,为庭园的发展提供了得天独厚的条件。这一时代前期对庭园山水草木经营十分重视,而且要求表现自然,并逐渐形成以池和岛为主题的“水石庭”风格,且诞生了日本最早的造庭法秘传书《前庭秘抄》。

封建时代:12世纪末,日本社会进入封建时代,武士文化有了显著的发展,形成朴素实用的宅园;同时宋朝禅宗传入日本,禅宗思想对吉野时代及以后的庭园新样式的形成有较大影响。此时已逐渐形成“缩景园”和佛教方丈庭的园林形式。

室町时代:(14—15世纪)是日本庭园的黄金时代,造园技术发达,造园意境最具特色,造园名师辈出。以“枯山水”庭园最为著名。

桃山时代:(16世纪),茶庭盛行。茶庭面积虽小,但要表现自然的片段,寸地却有深山野谷幽美的意境,更要能使人沉思默想,一旦进入茶庭好似远离尘凡一般。

江户时代:(17—19世纪)初期,形成了自己独特的民族风格,并且确立起来。

明治维新:明治维新后,日本庭园开始欧化。但欧洲的影响只限于城市公园和一些“洋风”住宅的庭园,私家园林仍以传统风格为主。而且,日本园林作为一种独特的风格传播到欧美各地。

3.5.3　紫宸殿——日式皇家居住建筑杰作

概述

紫宸殿(图3-5-17)是皇宫主建筑群中的主要建筑。它宽大雄伟,肃穆端庄。殿前是宽广的庭院,被称为“南庭”。殿前右边有樱树,开粉红之花;左有橘树数棵,结橙黄之果。大殿当中墨笔竖书“紫宸殿”三字,出自日本名书博士冈本保孝之手。殿中间是18级木台阶。殿内东西共有9间,长约33米,南北共4间,长约23米。

图3-5-17　紫宸殿

特点

紫宸殿是举行登基大典等重要仪式的最高格调的正殿,可以说是京都御所的象征性代表建筑物。正面有18级台阶,四周设有廊子,廊子边设置高杆。内部根据寝殿的建造法,中间的主房四周设有厢房,主房和北厢房之间用绢衬的拉门“贤圣障子”隔开,天棚没使用天花板,直接进行装饰。四周用胡粉涂成白色的地板,用黑漆描框做成棋盘格棂子的门,打开时,内侧有金属将其往上吊。用六张板子组建的廊子正上方有紫宸殿的匾额,是冈本保孝所题,嘉水年代的火灾中,匾额和拉门“贤圣障子”一同幸免被延烧。

大殿全部用刺柏为建筑材料,屋顶以刺柏皮压顶。中间房屋为主屋,四周房间为厢房。紫宸殿也称“南殿”或“前殿”,紧挨紫宸殿的是清凉殿,也叫中殿,全部为刺柏木结构建筑。清凉殿东正面的中庭称“东庭”。清凉殿在平安朝时,是天皇日常起居处。在紫宸殿的东北方向,还有一座木结构、刺柏皮盖顶的建筑,称为“小御所”。

影响

紫宸殿是天皇即位、元旦节会、白马节会、立太子、元服、让位、修法等举行最庄严仪式的地方。紫宸殿主屋的中央设“高御座”，右后设皇后用“御帐台”，是即位时天皇和皇后坐的地方。

相关知识拓展

①京都御所

京都御所(图3-5-18)是日本平安时代的政治、行政中心所在地。从781年奈良迁都到明治维新的1074年中，它一直是历代天皇的住所，后又成了天皇的行宫。京都皇宫位于京都上京区。前后被焚7次，现在的皇宫为孝明天皇重建，东西宽700米，南北长1300米，面积11万平方米，四周是围墙，内有名门9个、大殿10处、堂所19处，宫院内松柏相间，梅樱互映。京都皇宫位于京都市上京区。日本国都从奈良迁至京都，当时皇宫离现在的皇宫2千米里，大约600年前才迁到现址。第二次世界大战期间，为了减少被火烧毁的危险，拆掉了整个长廊，但其他部分依旧保存完好。

图3-5-18　京都御所

②日本皇室

日本皇室是指日本国的天皇及皇族，由于皇室成员是日本传说中的神族，所以没有姓氏，没有选举权和被选举权，不受日本的户籍法律管理，而由专门制定的《皇室典范》来规范他们的日常生活。依据日本神话传说，日本第一位天皇是神武天皇。今上天皇为第126代天皇德仁，现任上皇为明仁。

德育知识拓展·中国古代教育

中国古代教育主要就是儒家教育。孔子杏坛讲学，门徒三千，开了儒家教育的先河，奠定了儒学的基础；董仲舒“罢黜百家，独尊儒术”确立了儒学的正统尊崇地位；隋唐以后开科取士，极大地促进了儒家教育的发展，自此以后达到鼎盛，千年不衰。

儒家教育的目的是学习儒家思想。儒家思想在人类社会中是一个非常庞大而又完善的思想体系，涵盖了人类社会精神领域的各个方面，包含了“修身、齐家、治国、平天下”的道理以及涵养道德、陶冶情操、敬天畏命、知天达命、安身立命等多方面的深刻哲理，体现了古人的人生观、宇宙观、价值观。儒家思想包括了“仁、义、礼、智、信”等方面，再往下又包含了“忠、孝、勇、公、廉、明、正、直、俭、勤”等内容，越往下越庞杂。它规范了人类社会的做人准则、道德标准和价值标准。其实，儒家思想最核心的思想就是“仁和礼”，这是最核心的价值。有仁便有义，无礼则无信，无信而不立，那就一切都谈不上了。

中国古代传统文化虽然是“释、道、儒”三教鼎立，交相辉映，但释、道两家讲的都是出世，而儒家讲的是入世，更接近于世俗社会，所以影响也更大。中国古代的儒家教育是非常有成效的，为国家源源不断地输送了人才，为社会培养了大量精英，对于社会的繁荣稳定、经济文化的发展做出了很大的贡献。没有中国古代的儒家教育，就没有大唐的文采风流、两宋的雍容华贵、明清的瑰丽多彩，就不会有灿烂辉煌的中国古代文化。

中国古代教育最直接的作用表现在两个方面。一方面，为国家输送了人才。汉晋时代虽然没有科举，而是举荐，讲究的是门阀血统，但是那些豪门大族子弟，无不受过良好的教育，不学无术也不可能被推举。隋唐以后开科取士，“学而优则仕”，为平民子弟提供了机会，大批品学兼优的平民子弟走上仕途。中国古代教育为国家输送了不少栋梁之材，各朝各代都是名臣辈出，他们名垂青史。正是因为古代教育为国家源源不断地输送人才，才能够维持国家的正常运转和社会的稳定发展。另一方面，为社会培养了大批中坚力量。虽然能够科举高中、跃过龙门的幸运儿是少数，但没有考中的读书人也并非无用，他们在社会上也有较高的地位，读书人普遍受到社会的尊重，他们或是一方士绅，或开学授课，或充当幕僚，或行医，或从艺，在社会生活的方方面面都发挥了重要作用，是社会稳定的中坚力量。中国古代教育的间接作用，就是教化了民众，读书人在社会上有较大的影响，他们的思想、行为、准则，潜移默化地影响了社会，形成了主流社会的价值观，对于维护人类道德、社会正常秩序发挥了不可估量的影响。

中国古代教育是非常有特色的。它的教材千年不变，就是儒家经典、圣人之言、四书五经、经史子集。不管朝代怎么更迭，所学的都是这些内容。社会可以变化，朝代可以更迭，道统不可改变，这就确保了儒家思想完整的继承和发展。中国古代儒生，不管在哪个朝代，接受的都是正统的儒家教育，学习的都是圣贤之道。这些东西都是中国传统文化中的精华部分，有着极其丰富的营养，学生自幼接受这些教育，当然受益匪浅。那时候的小孩子，一启蒙就学习圣人之言，《大学》《中庸》《论语》《诗经》，人人倒背如流。而这些中国古代教育普及的东西，现代的许多大学生、研究生却看不懂。中国古代的教育，讲究的是“读书明理”“知书达理”，不仅是学知识，最主要的是要明白做人做事的道理，这些道理会指导你的一生，通过你自己的实践体悟、融会贯通，成为你建功立业的真才实学。

中国古代的教育分为民办和政府办学，或称公立和私立。

中国古代社会有尊重老师的传统，注重“做一天老师，做一个终生父亲”。如果自己的学生能够榜上有名，老师就会非常有面子，可以荣耀一生。

政府管理的主要学校是书院。尽管有些书院是私人经营的，但它们都有正式的背景，并得到官方的支持和资助。这些书院是培养高级人才的地方，读书人可以进一步学习。只有那些对科举考试感兴趣的读书人，才有机会进入书院学习。明代杜堇的《伏生授经图》，如图3-5-19所示。

图3-5-19 《伏生授经图》

书院通常分布在各个省和大的州府。历史上比较著名的书院有松阳书院、白鹿洞书院、岳麓书院、象山书院、东林书院等。书院实行精英教育，学习氛围浓厚，学术水平高。

这些书院的负责人都是学界泰斗，都是受人尊敬的名人和儒家。社会教育与政府教育相结合，普及与完善相结合，中国古代社会形成了为国家和社会培养不同人才的完整教育体系。

古代汉语的教授方法也很有特色。在启蒙教育中，老师只讲课，不讲解。老师一字一字地念，学生一字一字地背，直到学生熟读成诵为止。这种教学方法看似古板，其实很有效。

一是磨炼孩子的意志并端正学习态度，此为正心诚意。二是通过这种密集的训练，圣贤的话语就可以深深地刻在学生的脑海中，且永远不会忘记，使他一生受益。在这一阶段，老师为学生的进一步学习打下坚实的基础。

老师不讲解，还因为这些圣贤的话具有深刻的哲理和内涵。用几句话讲不清楚，即便讲了学生也不一定能明白。那需要学生用一生来体会和消化，实践和理解。不恰当的讲解会误导学生，并使他们误入歧途。因此，对于儒家经典而言，在启蒙教育中老师不讲解，这是传统。

老师在讲儒学时，学生可以自由讨论。那时，经过一段时间的学习，学生具有一定的知识水平和扎实的技能，并且能够与老师进行一些学术交流和讨论。学生可以提出问题，老师可以解答他们的疑问。宋代以后出现的新儒学是通过师生之间的学术交流和讨论而发展起来的。

有人认为中国古代的教育就是死记硬背，这种理解是非常片面的。学习需要努力，是一个艰辛的过程，只有努力才能得到回报，这是理所当然的。古代教育强调循序渐进，将学生的学术和修养相结合。学生学习和提高的过程实际上是自我修养提高的过程。

实际上，古代汉语教育是非常有趣的。除了学习儒家经典外，学生还花费大量时间和精力学习诗歌、书法、古琴、围棋、绘画等。这些都会给学生带来很多乐趣。

新建筑运动的钟声

4.1 简洁明快的现代建筑

第一次世界大战后，欧洲的政治、经济和社会思想状况对于建筑学领域的改革创新是有利的。第一，战后初期欧洲各国的经济困难状况，促进了讲求实效的倾向，抑制了片面追求形式的复古主义做法。第二，工业和科学技术的继续发展，带来更多新建筑类型，要求建筑师突破陈规。建筑材料、结构和设备方面的进展，促使越来越多的建筑师走出学院派的象牙之塔。第三，第一次世界大战的惨祸和俄国“十月革命”的成功在世人的心理上引起强烈震动。人心思变，大战后社会思想意识各个领域内都出现许多新学说和新流派，建筑界也是思潮澎湃，新观念、新方案、新学派层出不穷。

4.1.1 罗比住宅——现代建筑的基石

罗比住宅(图4-1-1)由美国最伟大的建筑师弗兰克·劳埃德·赖特[①]于1908年设计，建造于世界顶级学府美国芝加哥大学校园内。罗比住宅被誉为赖特“田园学派”最伟大的代表作之一和第一座纯美式建筑。

罗比住宅位于芝加哥南部，是建筑大师赖特的代表作之一。它于1963年11月27日被选为美国国家历史地标。

图4-1-1　罗比住宅

特点

罗比住宅位于美国中西部广阔的大草原伊利诺伊州芝加哥，为典型的草原式风格建筑[②]，开阔敞亮，屋檐伸张，家庭生活平面布局重点突出，且偏好使用本性材料，构图自由，以不违背原有自然景观为主。赖特在用地紧张的地段，想方设法地让花园、植物深入建筑内部，使人们能够有更多的机会跟大自然相处。

1908年罗比买下这块地的时候，南面是一览无余的景色。赖特在设计上使用悬挑的屋顶、连续的开窗以及立面上显得狭长的罗马砖来强化建筑水平延伸的感觉。水平线条让人想起北美草原，同时也赋予住宅以家的安谧与庇护。

影响

现代建筑里程碑罗比住宅是幸福的，因为它建于西方现代主义思潮产生并逐渐发展成熟时期，这使她的“美”不仅来自建筑本身，而且还代表了一个建筑流派的审美情趣，代表了一个时代建筑的价值取向。正是其所具备的这些社会历史意义，才使得它有机会“笑看风云”一百年，甚至更久。

19世纪后期，西方建筑界产生了一种被称为现代主义建筑的思潮，这种思潮于20世纪20年代发展成熟，五六十年代风行全球。而罗比住宅的设计者赖特恰好是现代主义建筑的代表人物之一，那么罗比住宅的建筑风格受这种建筑思想影响之深不难想象。

相关知识拓展

①弗兰克·劳埃德·赖特,美国工艺美术运动的主要代表人物,美国艺术文学院成员。美国最伟大的建筑师之一,在世界上享有盛誉。赖特师从摩天大楼之父、芝加哥学派(建筑)代表人路易斯·沙利文,后自立门户成为著名建筑学派"田园学派"的代表人物,代表作包括建立于宾夕法尼亚州的流水别墅和世界顶级学府芝加哥大学内的罗比住宅。

②草原风格的房屋(图4-1-2)主要由砖、木头和灰泥建成,有灰泥的墙以及带窗棂的窗户;草原建筑师强调水平的线条,修建起低矮的屋顶和宽阔、突出的屋檐。他们放弃精致的地板结构和环绕中央火炉的流线型室内空间的细节构建。由此得到的是低矮扩展开的建筑结构和通光良好的空间。它们同自然亲近,而不是同别的建筑混在一起。草原式住宅满足了资产阶级对现代生活的需求与对建筑艺术猎奇的心理。该风格的其他艺术家有埃尔姆斯利(1871—1952)和柏恩(1883—1967)。

图4-1-2 草原式风格建筑

4.1.2 透平机工厂——第一座真正的现代建筑

概述

彼得·贝伦斯在1909—1912年参与建造了公司的厂房建筑群,其中他设计的透平机车间(图 4-1-3)成为当时德国最有影响力的建筑物,被誉为第一座真正的“现代建筑”。

图 4-1-3　德国透平机工厂

彼得·贝伦斯也是现代工厂建筑设计的先驱人物。他为德国通用电气公司设计的透平机制造车间与机械车间,造型简洁,摒弃了任何附加的装饰,是贝伦斯建筑新观念的体现。贝伦斯把自己的新思想灌注到设计实践当中,大胆地抛弃流行的传统式样,采用新材料与新形式,使厂房建筑面貌一新。

钢结构的骨架清晰可见,宽阔的玻璃嵌板代替了两侧的墙身,各部分的比例匀称,减弱了其庞大体积产生的视觉效果,其简洁明快的外形是建筑史上的革命,具有现代建筑新结构的特点,强有力地表达了德国工业同盟[①]的理念。

特点

德国通用电气公司透平机车间按功能分成主体车间和附属建筑两个部分。机器制造过程需要充足的采光,建筑物立面适应了这种需要,在柱墩间开了大玻璃窗。车间的屋顶由三铰拱构成,避免用内柱,为开放的大空间创造了条件。钢构架的涡轮工厂临街的正面以倾斜的实墙置于角隅,以稀疏的嵌缝线处理表面,减轻实墙的荷重感。这种以非必要的厚重角隅加于构架两侧的做法,几乎是贝伦斯为 AEG 设计的所有厂房的特点。

影响

贝伦斯为通用电气公司设计的柏林透平机工厂,是工业设计与建筑设计相结合提高设计质量的一个成果,也是现代建筑史上的一个重要事件。这座工厂的设计者将艺术意识注入了工业的殿堂,透露出现代生活的精神。

相关知识拓展

①德国工业联盟(图4-1-4)是1907—1934年以及1950年之后很活跃的一个由德国的建筑师、设计师及工业家组成的协会组织。建筑师在工业联盟成立之初对于它的早期目标设定有很重要的影响,建筑设计和城市规划在1914年之前的工业联盟中起的作用与之后相比少很多。当时的工业联盟并没有统一的风格和设计哲学。

图4-1-4　德国工业联盟标志

4.1.3　米拉公寓——超现实主义的住宅

概述

米拉公寓建于1906—1912年,坐落在西班牙的巴塞罗那市区里的扩建区格拉西亚大道上。

米拉公寓(图4-1-5)的拱顶呈现抛物线或悬链线的形状。米拉公寓是高迪设计的最后一个私人住宅,占地1323平方米,有33个阳台,150扇窗户,3个采光中庭(2个大中庭,1个小天井),6层住宅,1层顶楼(阁楼),1个地下停车场,共有3个门面,两个正门入口。

图4-1-5　米拉公寓

波浪形的外观由白色的石材砌出的外墙、扭曲回绕的铁条和铁板构成的阳台栏杆来体现,可让人发挥想象力,有人觉得像非洲原住民在陡峭的悬崖所建造的类似洞穴的住所,有人觉得它像海浪,有人觉得它像退潮后的沙滩,有人觉得它像蜂窝的组织,有人觉得它像熔岩构成的波浪,有人觉它得像蛇窟,有人觉得它像沙丘,有人觉得它像寄生虫巢穴等等。

米拉公寓屋顶(图4-1-6)高低错落,而整栋建筑如波涛汹涌的海面,极富动感。屋顶有奇形怪状成的烟囱和通风管道。米拉公寓里里外外都显得非常怪异,甚至有些荒诞不经,米拉公寓仍被许多人认为是所有现代建筑中最具代表性的,也是最有独创性的建筑,是20世纪世界上最重要的建筑之一。该建筑无一处是直角,这也是高迪作品的最大特色。高迪认为:"直线属于人类,而曲线归于上帝。"

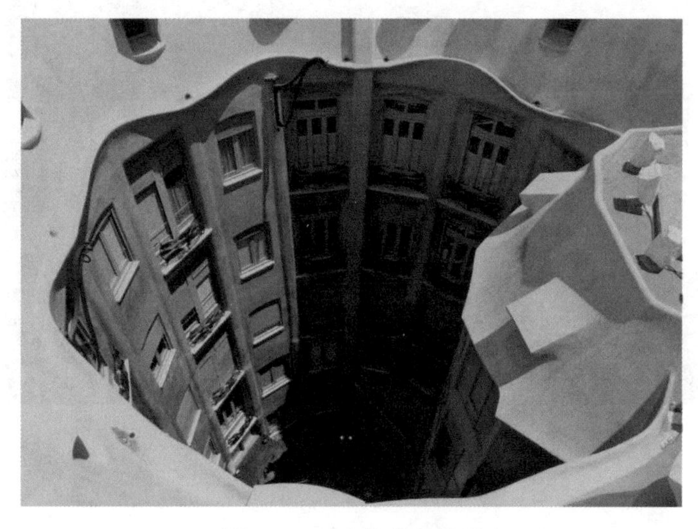

图4-1-6　米拉公寓屋顶

特点

米拉公寓的设计特点是建筑物的重量完全由柱子来承受，不论是内墙还是外墙都不承受建筑本身的重量，建筑物本身没有主墙，所以内部的住宅可以随意隔间改建，建筑物不会塌下来，而且，可以设计出更宽大的窗户，保证每个公寓的采光。当时米拉夫妇出钱建这房子，一楼是出租的店铺，二楼叫“主楼”，是米拉夫妇住的，三、四、五、六楼是出租的住宅。因为高迪设计的力学结构很特别，建筑物的重量完全由柱子来承受，所以出租的每一层楼的隔间布局都不一样，三楼隔出三户住家，四楼隔出四户住家，五楼隔出四户住家，六楼隔出三户住家，每户住家占地也不一样，最大的600平方米，最小的290平方米。顶楼是用来调节温度、晒衣服用的。屋顶阳台则类似高迪的另一个作品桂尔公园中似蛇般的长椅，有30个奇特的烟囱，2个通风口，6个楼梯口，塔状的楼梯口形状最大，螺旋梯里面暗藏水塔。大多数参观过这栋建筑的人可能会认为米拉公寓是壮丽且气势凌人的，也有人对波浪状的外墙觉得太古怪，无论如何，米拉公寓是巴塞罗那市的地标之一。

影响

米拉公寓是后来一些同样具有生物形态主义风格的建筑的先驱：波茨坦的爱因斯坦塔[①]，由埃瑞许·孟德尔松所设计；纽约的所罗门·R.古根海姆美术馆，由弗兰克·劳埃德·赖特所设计；法国索恩地区的朗香教堂[②]，由勒·柯布西耶所设计；由奥地利建筑师汉德瓦萨所设计的百水住宅，如图4-1-7所示；由弗兰克·盖里所设计的迪士尼音乐厅，如图4-1-8所示。

图4-1-7　百水住宅

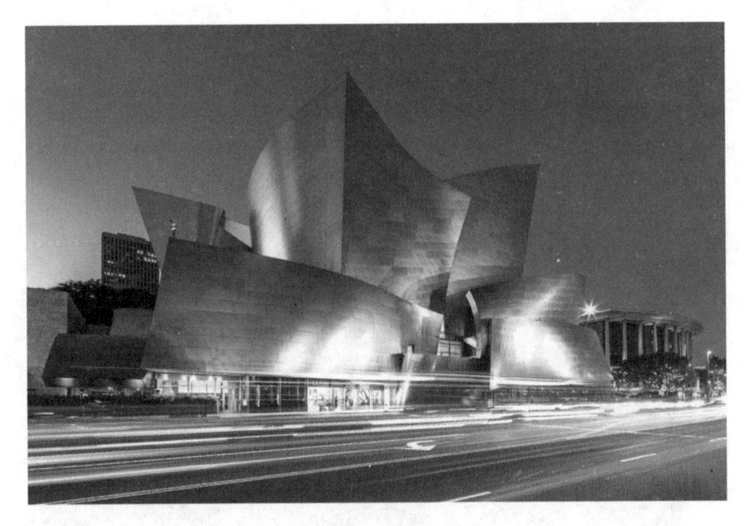

图4-1-8　迪士尼音乐厅

相关知识拓展

①爱因斯坦塔(图4-1-9),位于德国波茨坦市的特利格拉芬山上的爱因斯坦科技园中,它是波茨坦空间物理研究所的一部分。爱因斯坦塔实际上是一个天文观测台,塔的内部是一个竖直放置的太阳观测望远镜,该望远镜是为了证明广义相对论中的一个假设(经过太阳附近的光线会由于太阳巨大的引力场发生弯曲)而建造。爱因斯坦本人虽然没有直接参加望远镜的建造工作,但他支持该项建造和研究。爱因斯坦塔目前最主要的作用是对太阳黑子的磁场进行精密测量。

图4-1-9　爱因斯坦塔

②朗香教堂(图4-1-10)又译为洪尚教堂,位于法国东部索恩地区距瑞士边界几英里处的浮日山区,坐落于一座小山顶上,1950—1953年由法国建筑大师勒·柯布西耶设计建造,1955年落成。朗香教堂的设计对现代建筑的发展产生了重要影响,被誉为20世纪最为震撼、最具有表现力的建筑。朗香教堂的白色幻象盘旋在欧圣母院朗香村之上,13世纪以来,这里就是朝圣的地方。教堂规模不大,仅能容纳200余人,教堂前有一可容万人的场地,供宗教节日时来此朝拜的教徒使用。

图4-1-10 朗香教堂

4.1.4 包豪斯校舍——现代建筑里程碑

概述

包豪斯,是德国德绍市的“公立包豪斯学校”的简称,后改称“设计学院”,习惯上仍沿称“包豪斯”。在两德统一后,位于魏玛的设计学院更名为魏玛包豪斯大学。它的成立标志着现代设计教育的诞生,对世界现代设计的发展产生了深远的影响;包豪斯也是世界上第一所完全为发展现代设计教育而建立的学院。“包豪斯”一词是瓦尔特·格罗皮乌斯[①]创造出来的,是德语Bauhaus的译音,由德语Hausbau(房屋建筑)一词倒置而成。

包豪斯校舍(图4-1-11)位于德国德绍市(又译“德骚”)。它由格罗皮乌斯设计,1925年动工,次年年底落成。建筑面积接近10000平方米,是由许多功能不同的部分组成的中型公共建筑。平屋顶,外墙为白色抹灰。

图 4-1-11　包豪斯校舍

特点

包豪斯校舍的建筑设计有以下一些特点:

1. 把建筑物的实用功能作为建筑设计的出发点。

传统的学院派设计手法通常是先决定建筑的外观体型,然后把各个部分安排到这个体型里面去,基本程序是由外而内。格罗皮乌斯把这种程序倒了过来,他把整个校舍按功能的不同分成几个部分,按各部分的功能需要和相互关系确定它们的位置,决定其体型。把功能分析作为建筑设计的基础和出发点,体现了由内而外的设计思想。

2. 采用灵活的不规则的构图手法。

包豪斯校舍是一个不对称的建筑,它的各个部分大小、高低、形式和方向各不相同。它有多条轴线,但没有一条特别突出的中轴线。它的各个立面都很重要,各有特色。它有多个入口,主要入口有两个。总之,它是一个多方向、多体量、多轴线、多入口的建筑物,这在以往的公共建筑中是很少的。格罗皮乌斯在包豪斯校舍的建筑构图中充分运用高低、长短、纵横的对比手法,塑造出生动活泼的建筑形象。虽然不规则的建筑构图历来就有,但包豪斯校舍灵活而巧妙的不规则构图,提高了这种构图手法的地位。

3. 按照现代建筑材料和结构的特点,运用建筑本身的要素取得建筑艺术效果。

包豪斯校舍一部分采用钢筋混凝土框架结构,另一部分采用砖墙承重结构,其建筑形式和细部处理紧密结合所用的材料、结构和构造手法。没有雕刻,没有柱廊,没有装饰性的花纹线脚,它几乎把任何附加的装饰都剔除了。同传统的公共建筑相比,它是朴素的,然而它的建筑形式却富有变化。

包豪斯校舍建造时经费比较困难，按当时的货币计算，每立方英尺建筑体积的造价只合0.2美元。在这样的经济条件下，这座建筑比较周到地解决了实用功能问题，同时又创造了清新活泼的建筑形象。格罗皮乌斯通过这个建筑实践证明，摆脱传统建筑的条条框框以后，建筑师可以自由灵活地解决现代社会生活提出的功能问题，可以进一步发挥新建筑材料和新型结构的优越性能，在此基础上创造出一种前所未有的建筑艺术形象。包豪斯校舍还表明，把使用功能、材料、结构和建筑艺术紧密结合起来，可以降低造价，节省投资。这是一条多、快、好、省的建筑设计路线，符合现代社会大量建造实用性房屋的需要。

有人认为包豪斯校舍的建成标志着现代建筑开启了新纪元，这未免过誉，但这座建筑确实是现代建筑史上的一个重要里程碑。

影响

包豪斯对现代设计的贡献：

1. 强调标准，以打破艺术教育造成的自由化和非标准化。

2. 设法建立基于科学基础的新的教育体系，强调科学的、逻辑的工作方法与艺术表现的结合。

3. 把设计一向流于"创作外形"的教育重心转移到"解决问题"上去，因而设计第一次摆脱了玩形式的弊病，走向真正提供方便、实用、经济、美观的设计体系，为现代设计奠定了坚实的发展基础。

4. 培养了一批既熟悉传统工艺又了解现代工业生产方式与设计规律的专门人才，形成了一种简明的适合大机器生产方式的美学风格，将现代工业产品的设计提高到了新的水平。

包豪斯一直被称为20世纪最具影响力也最具有争议的艺术院校，在当时它是乌托邦思想和精神的中心。它创建了现代设计的教育理念，取得了在艺术教育理论和实践中无可辩驳的卓越成就。

相关知识拓展

①瓦尔特·格罗皮乌斯(图4-1-12)1883年5月18日生于德国柏林，是德国现代建筑师和建筑教育家，现代主义建筑学派的倡导人和奠基人之一，公立包豪斯

(BAUHAUS)学校的创办人。1969年7月5日卒于美国波士顿。格罗皮乌斯积极提倡建筑设计与工艺的统一,艺术与技术的结合,讲究功能、技术和经济效益。1945年同他人合作创办协和建筑师事务所,并将其发展成为美国最大的以建筑师为主的设计事务所。第二次世界大战后,他的建筑理论和实践为各国建筑界所推崇。

图4-1-12 瓦尔特·格罗皮乌斯

4.1.5 流水别墅——瀑布间跌落的风景

概述

在美国宾夕法尼亚州西南的阿巴拉契亚山脉脚下,有一栋别墅悄然“生长”在瀑布之上的巨石间。它背靠着陡崖,水泥的大阳台叠摞在一起,它们宽窄、厚薄、长短各不相同,参差穿插着,好像从别墅中争先恐后地跃出,悬浮在瀑布之上。

它就是有着“最伟大的美国现代建筑”美誉的流水别墅。

流水别墅的设计和建造者是“有机建筑”派①的代表人物,被誉为“四大现代建筑大师”之一的弗兰克·劳埃德·赖特。

特点

流水别墅(图4-1-13)是赖特为卡夫曼家族设计的别墅。在瀑布之上,赖特实现了“方山之宅”的梦想,别墅正面在窗台与天棚之间,是一金属窗框的大玻璃,悬挑的楼板锚固在后面的自然山石中,虚实对比十分强烈,整个构思非常大胆,现已成为无与伦比的世界最著名的现代建筑之一。

图 4-1-13　流水别墅

从流水别墅的外观看，那些水平伸展的地坪、便道、车道、阳台及棚架，沿着各自的伸展轴向，越过山谷向周围延伸，以一种有机的空间秩序紧紧地集结在一起。同时，巨大的露台扭转回旋，恰似瀑布水流曲折迂回地自每一平展的岩石下落一般。整个建筑看起来像是从地里生长出来的，但更像是盘旋在大地之上。流水别墅似乎飞跃而起，坐落于宾夕法尼亚州的岩崖之中，指挥着整个山谷。瀑布所形成的雄伟的外部空间使流水别墅更为完美，在这儿自然和人悠然共存，呈现了天人合一的最高境界。

流水别墅不同凡响的室内空间使人犹如进入一个梦境。分析流水别墅建筑结构（图 4-1-14），赖特对自然光线的巧妙掌握，使内部空间仿佛充满了盎然生机。在材料的使用上，流水别墅也是非常具有象征性的。所有的支柱，都是粗犷的岩石。石的水平性与支柱的直性，

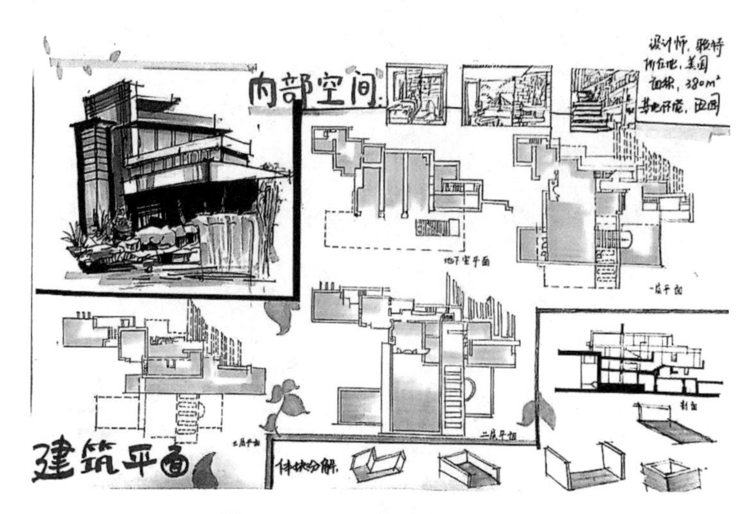

图 4-1-14　流水别墅建筑结构

产生一种明显的对抗；所有混凝土的水平构件，看来有如贯穿空间，飞腾跃起，赋予了建筑动感与张力。例外的是地坪使用的岩石，似乎出奇的沉重，尤以悬挑的阳台为最，因为室内空间需要透过巨大的水平阳台而衔接巨大的室外空间——崖隘，而由起居室通到下方溪流的楼梯，关联着建筑与大地，是内、外部空间不可缺少的媒介，且总会使人们禁不住地一再流连其间。

影响

1963 年，赖特去世后的第四年，考夫曼决定将别墅献给当地政府，永远供世人参观。在交接仪式上，考夫曼说道："这是一件人类为自身所作的作品，不是一个人为另一个人所作的。正是由于这样一种强烈的含义，它是一笔公众的财富，而不仅是私人拥有的珍品。"

流水别墅的建筑造型和内部空间达到了伟大艺术作品的沉稳、坚定的效果。这是一幢包含最高层次的建筑，也就是说，建筑已超越了它本身，而深深地印在人们意识之中，以其具象形式创造出了一个不可磨灭的新体验。

相关知识拓展

①有机建筑（图 4-1-15）是现代建筑运动中的一个派别，代表人物是美国建筑师赖特。这个流派认为，每一种生物所具有的特殊外貌，是由它能够生存于世的内在因素决定的。同样地，每个建筑的形式、构成，以及与之有关的各种问题的解决，都要依据各自的内在因素来思考，力求合情合理。这种思想的核心是"道法自然"，就是要求依照大自然所启示的道理行事，而不是模仿自然。自然界是有机的，因而取名为"有机建筑"。

图 4-1-15　有机建筑

4.1.6 萨伏伊别墅——浮在空中的白盒子

概述

萨伏伊别墅(图4-1-16)是现代主义建筑的经典作品之一,位于巴黎近郊的普瓦西,由现代建筑大师勒·柯布西耶[①]于1928年设计,1930年建成,使用钢筋混凝土结构。这幢白房子表面看来平淡无奇,简单的柏拉图形体和平整的白色粉刷的外墙,简单到几乎没有任何多余装饰的程度,唯一可以称为装饰部件的是横向长窗,这是为了能最大限度地让光线射入。第二次世界大战后,萨伏伊别墅被列为法国文物保护单位。

图4-1-16　萨伏伊别墅

萨伏伊别墅可以说是现代建筑的典范,别墅建在巴黎附近的一片草坪上,宅基为矩形,长约225米,宽为20米。一共有3层,底层架空,由几根洁白的细圆柱支撑着一个白色混凝方盒子,垂直面和水平面都有开口。盒子形状的二层向外挑出,结构轻灵:在二层光洁、无任何装饰的墙面上,带状的玻璃长窗占据了整个墙面的三分之一,使整栋建筑清澈晶莹,光影变幻。耸出屋顶的楼梯给方整的形体带来一些变化。二层有起居室、卧室、厨房、星顶花园。三层为卧室和屋顶花园。与简单的外表相反,萨伏伊别墅的内部空间出人意料的丰富,好像一个精巧细致的复杂机器。

特点

它采用了钢筋混凝土框架结构，平面和空间自由舒展，空间相互穿插，轻巧通透，简洁明快，与造型沉重、空间封闭、装饰繁多的古典豪宅形成了强烈的对比。在架空的底层中间，细柱环绕着门厅、车库和仆人用房，而顶层屋顶花园（图 4-1-17）占了大半。各层之间以楼梯和坡道创造性地把各层空间连通起来，室内室外联系方便，每一个角落都能够享受到阳光和新鲜的空气。建筑室内外都没有装饰线脚，用了一些曲线形墙体以增加变化。

图 4-1-17　萨伏伊别墅屋顶花园

影响

这座别墅的价值远远超过了它作为独立住宅的价值，由于它在西方现代建筑历史上的重要地位，被誉为现代建筑的经典作品。它那份超然于绿野之上的精致和质朴，与背景环境产生了惊人的背离。难怪现代建筑派的另一位大师赖特说它是“高跷上的箱子”，还有人说它是凑巧降落在此处的一艘外来太空船。它散发着现代主义的光芒，自由地舒展着，营造出出世的宁静氛围。萨伏伊别墅是勒·柯布西耶早期的重要作品。它吸取视觉艺术的新成果，造型纯净和谐，构图灵活均衡，处理手法简洁新颖，室外空间也是精心安排和组织的建筑组成部分。其空间的丰富性和奢华感，表现出现代主义建筑运动强烈的革新精神和建筑观念，深刻地体现了现代主义建筑所提倡的新建筑美学原则，启发和影响着无数建筑师。

相关知识拓展

①勒·柯布西耶(图4-1-18),20世纪最著名的建筑大师、城市规划家和作家。是现代建筑运动的激进分子和主将,是现代主义建筑的主要倡导者,机器美学的重要奠基人,被称为“现代建筑的旗手”,是功能主义建筑的泰斗,被称为“功能主义之父”。他和瓦尔特·格罗皮乌斯、路德维希·密斯·凡·德·罗并称为“现代建筑派或国际形式建筑派的主要代表”。

图4-1-18　勒·柯布西耶

4.1.7　马赛公寓——居住单元盒子

概述

1952年在法国马赛市郊建成了一座举世瞩目的超级公寓住宅——马赛公寓大楼(图4-1-19)。这座被人们称为“马赛公寓”的建筑,是勒·柯布西耶著名的代表作之一。勒·柯布西耶是20世纪最重要的建筑师之一,是现代建筑运动的激进分子和主将。

勒·柯布西耶认为在现代条件下,城市既可以保持人口的高密度,又可以形成安静卫生的环境。他认为,理想的现代城市就是中心区有巨大的摩天大楼,外围是高层的楼房,楼房之间有大片的绿地,现代化整齐的道路网布置在不同标高的平面上,人们生活在“居住单位”中。

图4-1-19　马赛公寓

特点

这座被设计者称为“居住单元盒子”的大楼，用钢筋混凝土建造，通过支柱层支撑巨大的花园，这种做法是受一种古代瑞士住宅——小棚通过支柱落在水上的启发，主要立面朝东和朝西，架空层用来停车和通风。地面层是敞开的柱墩，上面有17层，其中1—6层和9—17层是居住层，可住337户1600人。这里有23种适合各种类型住户的单元，从单身汉到有8个孩子的家庭都可找到合适的住房。大部分住户采用“跃层式”的布局，有独用小楼梯上下连接；每三层只需设一条公共走道，节省了交通面积。

同时，马赛公寓的设计进一步体现了柯布西耶的“新建筑的五个特征”[①]，建筑被巨大的支柱支撑着（图4-1-20），看上去像大象的四条腿，它们都是未经加工的混凝土做的，也就是大家都知道的粗面混凝土，它是柯布西耶在那个时代所使用的最主要的技术手段。立面材料形成的粗野外观与战后流行的全白色的外观形成鲜明对比，引起当时评论界的争论，一些瑞士、荷兰和瑞典的造访者甚至认为表面的痕迹是材料本身缺点和施工技术差所致，但这是柯布西耶刻意要产生的效果，他试图将这些“粗鲁的”“自发的”“看似随意的”的处理与室内精细的细部及现代建造技术并置起来，在美学上产生强烈对比的感受。事实上，这些被称为“皱折”“胎记”的特定词，是一段历史的沉积，是历史的痕迹，也是人类发展过程的缩影，描述了时间的流逝和时光的短暂。立面雕刻装饰，如图4-1-21。

图4-1-20　马赛公寓支柱

图4-1-21　立面雕刻装饰

影响

马赛公寓是一个非常成功的建筑，在欧洲它一出现立刻就被年轻的建筑师所仿效，对我国的建筑师也产生了深远的影响。位于深圳市福田中心区北部的“雕塑家园”，它由深圳雕塑院和一栋31层的高层公寓组成，总建筑面积40315平方米，住户共有380户，户型全部是全复式，分上复和下复两种，5.4米通高的落地窗，两种对称排列（南北向）的70平方米小户型单位互为上下，即一个单位是卧房在上，厨房在下，而对面一套单位则是厨房在上，卧室在下，这种厨房放在复式单位的上层在深圳市住宅中是个创举。发展商将这种开放式厨房理解为改变厨房在整个家庭功能布局中一直处于后台的传统定位，实现对家务劳动价值的重新确认，由此创造一种新的价值理念。当然，新的设计思想在某些方面与传统的生活方式必然发生冲突，如进门就是像鞋柜一样排列在一侧的厨房，开放式厨房的适用性等等，这种家居生活方式只适用于某些特定人群。

马赛公寓代表勒·柯布西耶对于住宅和公共居住问题研究的高潮点，结合了他对于现代建筑的各种思想，尤其是关于个人与集会之间关系的思考。那里的居民都已经形成一个集体性社会，就像一个小村庄，共同过着祸福与共的生活。

相关知识拓展

①1930年，柯布西耶就自己的住宅设计提出了“新建筑的五个特点”，它们是：(1)独立支撑的架空的底层，房屋的主要使用部分放在二层以上，底层全部或部分腾空，留出独立的支柱；(2)屋顶花园；(3)自由的平面；(4)横向的长窗；(5)自由的立面。

4.1.8　悉尼歌剧院——巨型雕塑式的典型作品

概述

悉尼歌剧院(图4-1-22),位于悉尼市区北部,由丹麦建筑师约恩·乌松设计,一座贝壳形屋顶下方是结合剧院和厅室的水上综合建筑。歌剧院内部建筑结构则是仿效玛雅文化[①]和阿兹特克神庙[②]。该建筑1959年3月开始动工,于1973年10月20日正式竣工交付使用,共耗时14年。

图4-1-22　悉尼歌剧院

悉尼歌剧院是澳大利亚的地标性建筑,也是20世纪最具特色的建筑之一,2007年被联合国教科文组织评为世界文化遗产。该剧院设计者为丹麦设计师约恩·乌松,建设工作从1959年开始,1973年大剧院正式落成。2007年6月28日,这栋建筑被联合国教科文组织评为世界文化遗产。

特点

悉尼歌剧院的外观为三组巨大的壳片,耸立在南北长186米、东西最宽处为97米的现浇钢筋混凝土结构的基座上。第一组壳片在地段西侧,四对壳片成串排列,三对朝北,一对朝南,内部是音乐厅。第二组在地段东侧,与第一组大致平行,形式相同但规模略小,内部是歌剧厅。第三组在它们的西南方,规模最小,由两对壳片组成,里面是餐厅。其他房间都巧妙地布置在基座内。整个建筑群的入口在南端,有宽97米的大台阶。车辆入口和停车场设在大台阶下面。悉尼歌剧院坐落在悉尼港湾,三面临水,环境开阔,以富有特色的建筑设计闻名于世,它的外形像三个三角形翘首于海边,屋顶是白色的,形状犹如贝壳,因而有"翘首遐

观的恬静修女”之美称。

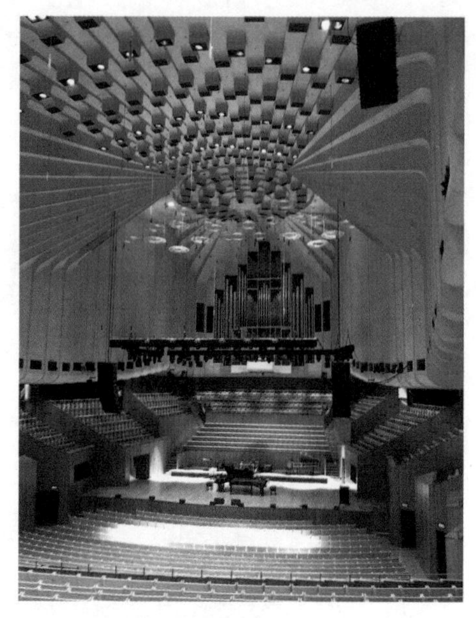
图 4-1-23　悉尼歌剧院歌剧厅

歌剧院分为三个部分:歌剧厅、音乐厅和贝尼朗餐厅。歌剧厅(图 4-1-23)、音乐厅及休息厅并排而立,建在巨型花岗岩石基座上,各由 4 块巍峨的大壳顶组成。这些“贝壳”依次排列,前三个一个盖着一个,面向海湾依抱,最后一个则背向海湾侍立,看上去很像两组打开盖倒放着的蚌。高低不一的尖顶壳,外表用白格子釉瓷铺盖,在阳光照映下,远远望去,既像竖立着的贝壳,又像两艘巨型白色帆船,漂在蔚蓝色的海面上,故有“船帆屋顶剧院”之称。那贝壳形尖屋顶,是由 2194 块每块重 15.3 吨的弯曲形混凝土预制件,用钢缆拉紧拼成的,外表覆盖着 105 万块白色或奶油色的瓷砖。设计者晚年时说,他当年的创意其实是源于橙子,正是那些剥去了一半皮的橙子启发了他。

影响

悉尼歌剧院不仅是悉尼艺术文化的殿堂,更是悉尼的灵魂,是公认的 20 世纪世界七大奇迹之一,是悉尼最容易被认出的建筑,来自世界各地的观光客每天络绎不绝前往参观拍照,清晨、黄昏或星空下,不论徒步缓行或出海遨游,悉尼歌剧院随时为游客展现各种迷人的风采。

悉尼歌剧院设备完善,使用效果优良,是一座成功的音乐、戏剧演出建筑。那些濒临水面的巨大的白色壳片,像海上的船帆,又如一簇簇盛开的花朵,在蓝天、碧海、绿树的映衬下,婀娜多姿,轻盈皎洁。这座建筑已被视为世界的经典建筑载入史册。

2003 年 4 月,悉尼歌剧院设计大师乌松先生获 2003 年普利兹克奖。普利兹克奖是对乌松和他的杰作的最终承认。

相关知识拓展

①玛雅文化(图4-1-24)是世界重要的古文化之一,是美洲非常重要的古典文化。玛雅(Maya)文明孕育、兴起、发展于今墨西哥的尤卡坦半岛、恰帕斯及塔帕斯科和中美洲的一部分,包括危地马拉、洪都拉斯、萨尔瓦多和伯利兹。总面积为32.4万平方公里。玛雅文化流行地区人口最多时达1400万。玛雅文化是丛林文化。虽然处于新石器时代,但玛雅人在天文学、数学、农业、艺术及文字等方面都有极高的成就。

图4-1-24　神秘的玛雅文化

②2010年2月底,墨西哥考古学家在首都墨西哥城发现了一座阿兹特克神庙(图4-1-25),这座神庙直径14米,建于1486—1502年,神庙里供奉着阿兹特克文化中的风神。

图4-1-25　阿兹特克神庙

4.1.9 朗香教堂——柯布西耶晚年的奇葩

在巴黎东南方不远的朗香市，坐落着柯布西耶职业生涯中最不同寻常的设计作品之一，圣母院朗香教堂，也就是我们所熟知的朗香教堂（图4-1-26）。在1950年，勒·柯布西耶被委托设计一座全新的哥特式教堂，用来取代原先在“二战”中被摧毁的教堂。

图4-1-26 朗香教堂

朗香教堂长期以来作为朝圣旅行的一处宗教圣地，深受哥特式建筑[①]传统的影响，但是“二战”之后，教堂不再需要像先前那样富丽堂皇，而是需要一个没有过度装饰和华丽宗教人物雕塑的纯净空间。朗香教堂的现代感如此具有欺骗性，以致它看起来并不符合柯布西耶的审美理念或是国际风格中的任何一种；它更像坐落在场地中的一尊雕塑。朗香教堂这种无法归类的特性使它成为20世纪最重要的宗教建筑之一，它同时也是柯布西耶职业生涯中最浓墨重彩的一笔。

朗香教堂坐落于一片林地之间，并与市镇的其他部分相隔绝；教堂处于小山之上，场地本身有一种隐喻性的基础，这更加凸显了朗香教堂的重要性。不像柯布西耶的大部分作品那样具有盒子状的、功能性强及小体量的特点，朗香教堂具有不规则的雕塑状外形，即倾斜的墙、屋顶及楼板。从样式和形式上来说，它是非常复杂的；然而，从设计功能规划的角度来看，它却相对简单：两个入口、一个讲坛及三个祈祷室。

设计中最有趣的部分就是那些分布在墙上的零星窗口（图4-1-27）。柯布西耶采取了在立面上开孔的方法，通过夹层墙间的锥形窗以增强礼拜堂内的光线。每一堵墙都被大小各异的方窗照亮，连同朴素的白粉墙，赋予了墙体以明亮的特质，这些特质则被更强烈的直接光照打断。礼拜堂宣讲坛后的墙体上，光照效果产生了斑点般的图案，好似星光闪闪的夜空，稀疏的开窗被十字架上方一处巨大开口倾泻出的光照所赞美，不但创造出了一种强大的宗教图像而且还具有变革性的体验。

图4-1-27　朗香教堂一面

影响

朗香教堂作为一个从勒·柯布西耶其他作品中派生出的激进产物，它依然保持着某种相同的设计原则，如纯净、开放性及具有共同性的公社意识。朗香教堂并非背离机械论或国际风格的一个举动，而是对一处宗教圣地做出了文脉上的回应。朗香教堂是一座深受现代设计原则文脉影响的建筑，这也使得其成为20世纪及勒·柯布西耶职业生涯中最吸引人的建筑之一。

相关知识拓展

①哥特式建筑，或译作歌德式建筑，是一种兴盛于中世纪的建筑风格。它由罗曼式建筑发展而来，为文艺复兴建筑所继承。它发源于12世纪的法国，延续至16世纪。哥特式建筑在当代普遍被称作“法国式”，“哥特式”一词则于文艺复兴后期出现，带有贬义。哥特式建筑的特色包括尖形拱门、肋状拱顶与飞拱。米兰大教堂为哥特式知名建筑。

4.1.10 柏林新国家美术馆——纯粹的宁静

概述

柏林新国家美术馆(图 4-1-28)是现代建筑的先驱密斯·凡·德·罗所建,美术馆本身是一件钢与玻璃的雕塑,里面陈列了从印象派到德国表现主义、现实主义、立体主义的绘画作品,乃至亨利·摩尔等人的大型雕塑。在它的对面,柏林爱乐音乐厅金黄色的墙面和曲折造型如乐海中扬起的风帆。

柏林新国家美术馆坐落在文化艺术中心坎佩尔广场的南面,是现代主义大师密斯职业生涯中建成的最后一件作品。

美术馆为两层正方体建筑,一层在地面,一层在地下。展览大厅由钢和玻璃组成,内部通过活动性的隔断布置一些流动性的展览,设计手法与巴塞罗那德国馆[①]相似,充分体现了密斯·凡·德·罗"少就是多"的建筑理念。由底部基座和上部的玻璃大厅构成,底座平台嵌入基地,既消解地形起伏也满足功能设置。玻璃大厅的底层是永久性展厅,二层为临时性展厅。

图 4-1-28 柏林新国家美术馆

特点

美术馆为两层的正方体建筑,一层在地面,一层在地下。地面上的展览大厅四周都是玻璃墙,玻璃墙的边长为 54 米。上面是钢的平屋顶,每边长 64.8 米。井字形屋架由 8.4 米高的 8 根十字形截面钢柱支撑着;柱子不是放在回廊的四个角上,而是放在四个边上,柱子与屋面的接头处,按力学的要求,把它精简到只有一个小圆球。建筑物四周全是大面积的玻璃围墙,大厅内部只用活动隔断布置一些流动性的展览。大厅前的平台上设置了成组金属人体形抽象雕塑,与玻璃盒子的建筑既对比又相互呼应。

美术馆的地面层只作临时性展览之用，主要美术品陈列在地下层中，其他服务设施也在地下。这座美术馆在密斯·凡·德·罗逝世后才完工，是他毕生探索的钢与玻璃的纯净建筑艺术风格的绝唱，有人称它是钢与玻璃的现代“帕特农神庙”。

影响

这座新国家美术馆与马列维奇那件《黑色的正方形》作品在精神上有着认同关系，只不过密斯是把灰色的正方形地面当作画布。如果我们从空中垂直看这座建筑，那它就是一个黑色的正方形，最好的说明是这座建筑的施工图纸上清楚地展示了正方形和边缘的关系。然而真正的震撼不是来自从俯视的角度所见到的，而是当你走进这个美术馆，只有8根柱子悬挑起来的巨大黑色正方形屋顶盖在所有人的头顶上，所形成的巨大的压迫感。

由于密斯·凡·德·罗过分强调建筑材料（钢铁、玻璃）对建筑风格的影响，加上他过分地主张“净化“（不要装饰），因而有人将他的作品称作没有民族习性和地方特色的“国际风格”，被后现代主义者列为批评的主要对象。尽管密斯·凡·德·罗晚年的作品暴露了不少形式主义的疵点，但他在新材料在建筑中的应用方面所做的探索，在灵活多变的流动空间理论方面的研究，以及他创造的简洁、明快而精确的建筑处理手法，却将令他永垂史册。

相关知识拓展

①巴塞罗那德国馆（图4-1-29）是1929年西班牙巴塞罗那国际博览会中的德国馆。建于1929年，占地1250平方米。由一个主厅、两间附属用房、两片水池、一个少女雕像和几道围墙组成。除少量桌椅外，没有其他展品。其目的是显示这座建筑物本身所体现的一种新的建筑空间效果和处理手法。

图4-1-29　巴塞罗那德国馆

4.1.11 西格拉姆大厦——第一栋高层玻璃幕墙建筑

概述

西格拉姆大厦(图4-1-30)位于美国纽约市中心,建于1954—1958年,共38层,高158米,总投资450万美元,设计者是著名建筑师密斯·凡·德·罗和菲利普·约翰逊。大厦的设计风格体现了密斯·凡·德·罗一贯的主张,那就是基于对框架结构的深刻解读,简化的结构体系,精简的结构构件,讲究结构逻辑,使之产生没有屏障可供自由划分的大空间,完美演绎"少即是多"的建筑原理。

图4-1-30 西格拉姆大厦

西格拉姆大厦实现了密斯·凡·德·罗本人在20年代初的摩天楼构想,被认为是现代建筑的经典作品之一。虽然密斯·凡·德·罗已去世多年,但他那种讲求技术精美的风格和"少即是多"的主张以及对玻璃的使用,大大丰富了建筑艺术,而西格拉姆大厦也就成了他最好的纪念碑,每当人们看到这座大厦,就会想起这位杰出的建筑设计师。

西格拉姆大厦是现代著名设计大师密斯·凡·德·罗最有代表性的一座国际式风格的高层建筑。密斯·凡·德·罗是公认的现代主义的四大代表人物之一。他也是国际式建筑风格的创始人和主要实践者。密斯·凡·德·罗从未受过正规的建筑训练,只是通过向父亲学习,对建筑材料的性质和施工技艺才有所认识和了解。在21岁时,密斯·凡·德·罗设计出的第一件完整的作品,就以娴熟的处理手法和蕴含了非同一般的创新因素,引起了当时德国最著名的建筑师贝伦斯的注目。经由他的推荐,密斯·凡·德·罗进入贝伦斯事务所任职。

特点

建筑师在设计时，避开了曼哈顿地区大多数塔楼常用的台式、金字塔式的样式，把大厦主体处理成竖立的长方体，除底层及顶层外，大楼的幕墙墙面直上直下，整齐划一，没有变化。建筑师采用了当时刚刚发明的染色隔热玻璃作幕墙，这些占外墙面积75%的琥珀色玻璃，配以镶包青铜的铜窗格，使西格拉姆大厦在纽约众多的高层建筑中显得优雅华贵，与众不同。整个建筑的细部处理都经过慎重的推敲，简洁细致，突出材质和工艺的审美品质。在今天，与西格拉姆大厦很相似的建筑形态，在世界各地的公建建筑当中非常普遍。

与前辈利华大厦[1]不同的是，这是第一个"有头有尾"的玻璃摩天大楼，是密斯·凡·德·罗以三段式构图在高层建筑中的运用。考究的细部设计使得一贯不被美国人看好的玻璃摩天大楼显得如此的优雅，这得益于密斯·凡·德·罗[2]在新古典主义风格上的造诣。也正是因为如此，玻璃摩天大楼在美国人眼中的地位大幅提高，于是各式各样的类似建筑如雨后春笋在美国兴建起来。

影响

西格拉姆大厦充分表现了大师的艺术主张。整个建筑可以说就是一个纯净、透明而又精致的钢架玻璃盒子，展现了钢框架结构的优异性能和围护墙体所用的玻璃材料的表现力。它基本实现了密斯·凡·德·罗本人在20世纪20年代初对摩天楼的构想，是现代建筑的经典作品之一。"玻璃盒子"是指现代建筑中外墙全部使用玻璃来作为墙壁的建筑。玻璃幕墙突出的特点是能够像镜子一样把周围的一切景物映射出来，高楼广厦、车水马龙、蓝天白云、人流涌动，极简单的玻璃盒子，却产生了极为丰富的视觉观感。另一位著名的现代建筑大师柯布西耶曾说："建筑的历史就是为光线而斗争的历史，就是为窗子而斗争的历史。"密斯·凡·德·罗提出了将窗和墙合二为一的全玻璃幕墙的高层建筑方案。他认为，玻璃幕墙起反射作用，没有阴影，可以得到最简洁的造型；同时，它映现出周围景色，可以得到丰富多彩的艺术效果。

建筑师利用先进的技术成果，营造出简洁明快，而又功能齐备的建筑样板，十分符合工业化大生产的要求，对现代建筑的发展具有十分重要的影响。在以后的几十年里，西格拉姆大厦的样式被复制到世界的各个角落。西格拉姆大厦被誉为纽约最精致的大楼，这种精致不是来自楼里楼外充斥的雕线脚，而是来自其精巧的结构构件、具有特异效果的染色玻璃和内部简约实用的空间。西格拉姆大厦以其昂贵的建材、精益求精的细致成为纽约最豪华、最精美的大厦。密斯·凡·德·罗被称为彻底的抽象主义者和唯美主义者。为了追求完美，他可以不惜工本，甚至放弃理性。西格拉姆大厦的铜质幕墙有着令人咋舌的高昂造价。西格拉姆大厦是密斯·凡·德·罗利用现代的技术成果——玻璃和钢营造出的经典之作。它简约精美的风格和体现的“少即是多”的艺术主张大大丰富了建筑艺术。其作为建筑主体的玻璃幕墙，可以说是这位现代建筑大师留给20世纪的巨大财富。西格拉姆大厦可以说是密斯·凡·德·罗一生建筑成果的最好的纪念碑。

相关知识拓展

①利华大厦（图4-1-31）：世界上第一座玻璃幕墙高层建筑，1951—1952年在纽约建立，由SOM建筑设计事务所设计，作为纽约利华公司的办公大厦。它共24层，上部22层为板式建筑，下部2层呈正方形基座形式，全部用浅蓝色玻璃幕墙。该建筑获得1980年美国“25年奖”，开创了全玻璃幕墙“板式”高层建筑的新手法，成为当代风行一时的样板。

图4-1-31　利华大厦

②密斯·凡·德·罗（图4-1-32），德国建筑师，也是最著名的现代主义建筑大师之一，与赖特、勒·柯布西耶、格罗皮乌斯并称四大现代建筑大师。他坚持“少就是多”的建筑设计哲学，在处理手法上主张流动空间的新概念。

图4-1-32　密斯·凡·德·罗

4.1.12　圣玛丽斧街30号——小黄瓜

小黄瓜(图4-1-33)是一座伦敦的摩天大厦,因其独特的圆锥形外形而得名。这座办公大楼位于伦敦金融区圣玛丽斧街30号,于2004年投入使用。小黄瓜摩天大厦一直是瑞士再保险公司的重镇,它楼高180米,共41层,由于外形奇特,又被谑称为小黄瓜。2002年起兴建,落成3年以来,已能与国会大楼及巨眼摩天轮齐名。

图4-1-33　小黄瓜摩天大厦

这个子弹模样的房子,盖在伦敦内城,也就是伦敦金融城的中心地带,由赫赫有名的福斯特勋爵设计,就盖在他老人家业务上最大的竞争对手罗杰斯勋爵20年前设计的劳埃德大厦[①]旁边。2004年建成开业,引起了伦敦市民相当浓厚的兴趣。

虽然瑞士再保险公司卖出"小黄瓜",但亦是大厦的租户,直至2031年为止。公司行政总裁艾格兰说,这幢大厦能成为伦敦中部受欢迎的地标,我们感到骄傲,这是一座崭新的办公场所,并以环保为设计重心。

大厦底两层为商场,最顶的两层是360度的旋转餐厅和娱乐俱乐部。每层的直径随大厦的曲度而改变,最后逐渐收窄。

小黄瓜大楼的中央(图4-1-34)是巨大的圆柱形主力场,作为大楼的重力支撑。大楼表面由双层低反光玻璃作外场,减少过热的阳光。里面有六个三角形天井,作用是增加自然光的射入,因为大楼的旋转型设计,所以光线并非直接照射,有散热的功能。同时,新鲜空气可以利用每层旋转的楼层空位，通遍全座大楼。

图4-1-34　小黄瓜大楼的中央

大楼采用了很多高新技术和设计，是现今业界的突破，发展商不介意投入巨大的建筑费用，从而使这座建筑力作成为现实。可以这样说，它最吸引人的地方，不是它的名字和外观，而是它较同样的建筑节能一半以上。它除了使用很多节能招数外，还尽可能地采用自然条件采光和通风。大楼配备了由电脑控制的百叶窗；楼外安装了天气传感系统，可以监测气温、风速和光照强度。在必要的时候，自动开启窗户，引入新鲜空气。按照著名的LEED评级制度，从场址规划的可持续性，保护水质和节水，能效和可再生能源，节约材料和资源，室内环境质量等五个方面，对小黄瓜进行评估打分，小黄瓜得分可达39分，属绿色黄金级。这种新的设计探讨，从长远来说是一个有利可图的发展。

影响

20世纪90年代末的伦敦，福斯特建筑师事务所开始在伦敦传统城区的敏感地带为瑞士再保险公司进行一项建筑概念设计。一项跨越世纪的宏大工程拉开了序幕，15年来伦敦的天际线将第一次被大幅度地改动。

当我们试图回顾瑞士再保险公司大厦的建造过程，请不要忘记这样一幕：这座大厦以一次爆炸事件和拆解另一座曾经辉煌的建筑为契机。1992年爱尔兰共和军在伦敦老城区引爆了炸弹，少有人员受伤，却严重毁坏了建于1903年的波罗的海贸易海运交易所[②]，1998年该建筑被拆毁。这样，历史、民族、政治、商业利益诸方面因素在伦敦传统金融中心的心脏地带为福斯特提供了一个建筑杰作应有的良好舞台。“……将这样导向性的原则实施于波罗的海贸易海运交易所旧址的文脉中……”诺曼·福斯特勋爵对该项目的陈述中如是提及。毁灭与

建造如此戏剧性地联系在一起。当我们在探讨建筑技术时，请不要忘记启动这一切的那枚炸弹。

相关知识拓展

①著名保险公司劳埃德公司采用了世界级建筑大师理查德·罗杰斯（曾设计巴黎蓬皮杜艺术中心）的设计方案。这独特的建筑风格使劳埃德大厦（图4-1-35）成为伦敦城区甚至全球最引人注目的建筑，每年来这里参观的人超过20万。2013年7月8日，中国平安保险（集团）股份有限公司斥资2.6亿英镑，买下位于英国伦敦金融城中心的地标性建筑——劳埃德保险公司大厦。

图4-1-35　劳埃德大厦

②波罗的海贸易海运交易所创立于1744年，是世界上最古老的航运市场。大部分世界公开市场的散货租船由波罗的海交易所的一些会员谈判完成，而世界许多买卖亦通过该交易所的经纪人交易。它每天公布的干货指数是海运运费期货市场的基础并被用于避免运费费率的波动，同时它也涉及航空租赁、期货交易和船舶买卖的活动。

4.1.13 卢浮宫——玻璃金字塔

概述

卢浮宫[①]、玻璃金字塔(图4-1-36),两个紧紧联系在一起的建筑,巴黎引以为傲的古老和现代完美结合的标志。

1988年,著名的美籍华人设计师贝聿铭,用从中国江苏运来的793块玻璃建成的透明金字塔揭开了神秘面纱,玻璃金字塔就像剔透的水晶一般,矗立在卢浮宫前的广场上。傲慢的法国人终于收回了指责,称之为“卢浮宫院内飞来了一颗巨大的宝石”,由此接受了贝聿铭以及他的建筑设计艺术。一座惊艳世界的新型建筑展现在世人面前。同一年,贝聿铭获得了被称为建筑界诺贝尔奖的普利兹克奖。

图4-1-36 玻璃金字塔

特点

贝聿铭设计建造了玻璃金字塔,他在设计中并没有借用古埃及的金字塔造型,而是用了普通的几何形态,玻璃材料金字塔不仅表面积小,可以反映巴黎不断变化的天空,还能为地下设施提供良好的采光,创造性地解决了把古老宫殿改造成现代化美术馆的一系列难题,取得了极大成功,享誉世界,这一建筑正如贝氏所称:“它预示将来,从而使卢浮宫达到完美。”玻璃金字塔塔高21米,底宽34米,四个侧面由673块菱形玻璃拼组而成,总平面面积约1000平方米,塔身总重量为200吨,其中玻璃净重105吨,金属支架仅有95吨,换而言之,支架的负荷超过了它自身的重量,因此行家们认为,这座玻璃金字塔不仅是体现现代艺术风格的佳作,也是运用现代科学技术的独特尝试。在这座大型玻璃金字塔的南北东三面还有3座5米高的小玻璃金字塔作点缀,与7个三角形喷水池形成平面和立体几何图形的奇特美景。玻璃金字塔内部，如图 4-1-37 所示。

图 4-1-37　玻璃金字塔内部

影响

20 世纪 80 年代初，法国总统密特朗决定改建和扩建世界著名艺术宝库卢浮宫。法国政府广泛征求设计方案，著名的美籍华人设计师贝聿铭的方案最终获得了全球 15 位著名博物馆馆长的 13 张支持票。但要在卢浮宫的庭院内建造一座玻璃金字塔的提议让整个巴黎大吃一惊，当时法国人目瞪口呆，甚至恼羞成怒，怎么让一个华人来修我们最重要的建筑，贝聿铭会毁了巴黎。

然而，玻璃金字塔创造性地解决了把古老宫殿改造成现代化美术馆的一系列难题，取得极大成功，享誉世界。玻璃金字塔的建成，也带动了卢浮宫的复兴。行家们认为，这座玻璃金字塔不仅是体现现代艺术风格的佳作，也是运用现代科技的独特尝试。

相关知识拓展

①卢浮宫位于法国巴黎市中心的塞纳河北岸，位居世界四大博物馆之首。始建于 1204 年，原是法国的王宫，居住过 50 位法国国王和王后，是法国文艺复兴时期最珍贵的建筑物之一，以收藏丰富的古典绘画和雕刻而闻名于世。

卢浮宫现为博物馆，占地约 198 公顷，分新老两部分，宫前的金字塔形玻璃入口，占地面积为 24 公顷，是华人建筑大师贝聿铭设计的。1793 年 8 月 10 日，卢浮宫艺术馆正式对外开放，成为一个博物馆。

卢浮宫已成为世界著名的艺术殿堂，最大的艺术宝库之一，是举世瞩目的万宝之宫。

4.2 后现代主义建筑

“后现代建筑”是指现代建筑以后出现的各流派的建筑总称，所以包含了多种风格的建筑。对于什么是后现代主义，什么是后现代主义建筑的主要特征，人们并无一致的理解。美国建筑师斯特恩提出后现代主义建筑有三个特征，即采用装饰、具有象征性或隐喻性、与现有环境融合。综观后现代主义建筑，至少可以概括出五个主要特点。

1. 强调传统和历史主义。可以说对传统的不同理解，导致了后现代主义建筑师的不同风格。这里所说的传统，不仅仅是指传统建筑的基本特征，还包括经过抽象和个人化的传统建筑符号。而一些日本建筑师则将传统理解为民族文化中具有特质的东西，倾向于从传统文化的精神上把握它。在理论上，后现代主义有逐渐导入历史主义的倾向。

2. 尊重现有环境。这主要表现在对建筑的地方特色和“文脉”的重视上。可以看到，后现代主义对现有环境的尊重是建立在对现代主义建筑反思的基础上的。现代主义强调单体建筑的重要性与表现欲，后现代主义则尽量消减它在环境中的突出地位，力图与环境相融合，创造出丰富的街貌乃至城市景观。但这又绝不是完全把自己埋没掉，而是要达到在更深层次上吸引人并表现自己的目的。

3. 装饰性与隐喻性。后现代主义对装饰性和隐喻性的偏爱可以说完全走向了背向现代主义的另一个极端。后现代主义建筑师对符号学和色彩学往往都有着精深独到的研究。在后现代主义建筑师那里，装饰和隐喻不再是强调功能的途径，而是表现个人风格的手段。装饰性和隐喻性是后现代主义建筑最外在的特征，随着它的国际化趋势，这几乎也被强调为它的唯一特征。

4. 激进的折中主义。由于后现代主义建筑要同时满足各方的需求，而又不想在其中失去时代风格与作者个性，所以作品往往表现出各种风格拼凑的现象。在这里，后现代主义体现出较为突出的折中性，而这种折中性主要是相对于现代主义那激动人心的伟大实践而言。后现代主义追求名流、大众的双重理解，历史风格、现代风格的兼顾，所形成的折中主义风格是激进的，具有不确定性。但它最深层的隐喻只有名流或设计者能够理解和说清楚，后现代主义建筑在这里表现出较大的随意性和任意性，也就是自由度。但是又必须看到这一切是建立在对大众、环境和历史的尊重上的，因此，后现代主义建筑最终表现出来的，并不是它的深奥隐喻，而是从它的外观表现出来的愉悦性和通俗性。

5. 精美愉悦的美学追求。后现代主义作品是现代主义的变形，并且增添了传统的符号和令人愉悦的色彩，它使人们的生存环境更舒适、优美和富有人情味。后现代建筑风格是喜气洋洋的，在这方面，它完全迎合了当代资本主义社会的需要，因此在具有商业开发性质的住宅建筑、宾馆建筑和商业建筑中广为流行。进入20世纪80年代中期，后现代主义的先锋性为时髦特征所取代，几乎所有的后现代主义风格的建筑都是精美漂亮、令人愉悦，甚至是奢华的，并且不再具备现代主义那种感人和令人震惊的严肃的力量。出于标新立异的需要，不少后现代主义作品还表现出玩世不恭和颓废倾向。

4.2.1　普林斯顿大学胡应湘堂

概述

普林斯顿大学胡应湘堂（图4-2-1）是以普林斯顿大学[①]的毕业校友胡应湘[②]命名的建筑物，一层和地下室是食堂、娱乐室等，二层为学院办公室。文丘里[③]在1966年出版的《建筑的复杂性与矛盾性》中提出了一系列与现代主义相对立的建筑创作原则，他反对简洁纯净，主张复杂和矛盾。在这座建筑中，有大学传统的建筑形式，有英国贵族私邸的形象，又有老式乡村房屋的细部，在入口处的墙面上还有用灰色和白色石料拼组的抽象化的中国“京剧脸谱”。建筑物的南端小广场上还有一个变形的“中国石碑”。

图4-2-1　普林斯顿大学胡应湘堂

特点

用地紧张，有坡度，与旧房子毗邻（胡应湘堂中的大餐厅须利用相邻旧房子的厨房）这对作者是个考验。传统与现代，是紧密连接或截然分开，是对比鲜明还是关系暧昧，作者都有“特权”来加以处理。其结果是，作者把语形学的多样性和主题的多层次统统堆砌到这个不大的建筑物上，运用了罕见的比例（例如建筑物两端圆形突出部分，用了两层楼高的大玻璃窗），搬用了伊丽莎白风格的英国贵族大宅邸的一些细部或部件。它还混用了别的东西。平屋顶代替了典型的三角形山墙的人字顶，把窗子分成三段，大门的墙面采用灰色花岗岩和白色大理石拼凑的抽象图案，广场上的大理石石碑，等等。普林斯顿大学胡应湘堂内部，如图4-2-2。

图4-2-2　普林斯顿大学胡应湘堂内部

第一层是学院的大餐厅和特设的小餐厅，有橡木楼梯引到二楼；二楼有客厅、院长办公室、秘书室、办公室、会议室和一个研究图书馆。地下室设咖啡馆和文娱活动室。普林斯顿大学胡应湘堂建筑图，如图4-2-3。

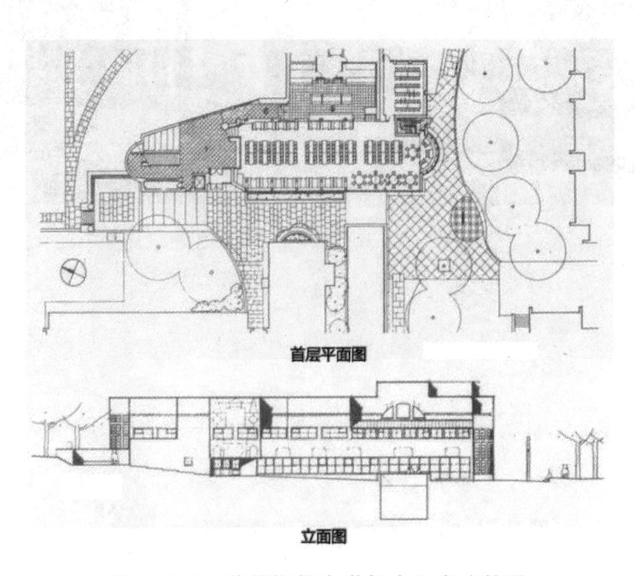

图4-2-3　普林斯顿大学胡应湘堂建筑图

文丘里称，设计胡应湘堂是他第三次“重返普林斯顿”。1947年他毕业于此，1950年他在这里获得硕士学位。

影响

普林斯顿大学胡应湘堂的比例和细部处理既有传统又超乎传统，充分体现了文丘里的建筑创作主张。现在，一般认为真正给后现代主义提出比较完整的指导思想的还是文丘里，虽然他本人不愿被人看作后现代主义者，但他的言论在启发和推动后现代主义运动方面，发挥了极重要的作用。

文丘里无疑是后现代主义建筑的奠基人之一，也是迄今为止具有相当影响的国际建筑大师。他的后现代主义理论和实践引发了后现代主义建筑运动，他在当代建筑史上具有非常重要的地位。

相关知识拓展

①普林斯顿大学，简称“普林斯顿“，是世界著名私立研究型大学，位于美国东海岸新泽西州的普林斯顿市，是美国大学协会的14个始创院校之一，也是著名的常春藤联盟成员。

基督教教会曙光长老会于1746年在新泽西州伊丽莎白镇创立该校，是美国殖民时期第四所成立的高等院校，当时名为“新泽西学院”。1747年学校迁至新泽西州，1756年迁至风景优美的普林斯顿市(位于费城和纽约之间)，并在1896年正式改名为“普林斯顿大学”(图4-2-4)。

图4-2-4　普林斯顿大学

②胡应湘(图4-2-5),香港合和实业有限公司主席、香港工程科学院院士。原籍广州花都,1935年生于香港,现为全国政协委员、香港事务顾问、广东省中华文化促进会名誉会长、广州市教育基金会名誉会长。在2019年福布斯全球亿万富豪榜上,胡应湘以17亿美元居第1349位。

图4-2-5　胡应湘

③罗伯特·文丘里(1925—2018年),男,美国费城人,建筑师。毕业于普林斯顿大学建筑学院,1950年获硕士学位,1954—1956年在罗马的美国艺术学院学习。

文丘里是20世纪的主要建筑人物之一,他和他的妻子对建筑、规划、理论著作的研究促进了对建筑业的发展。

当地时间2018年9月18日,文丘里在家中因病去世,享年93岁。

4.3　新现代主义建筑

从美国当代的建筑发展来看,应该说自从文丘里提出向现代主义挑战以来,设计上有两条发展的主要脉络:一条是后现代主义的探索,另外一条则是对现代主义的重新研究和发展,它们基本是并行发展的。第二个方式的发展,被称为“新现代主义”,或者“新现代”设计。虽然有不少设计家在20世纪70年代认为现代主义已经穷途末路了,认为国际主义风格充满了与时代不适应的成分,因此必须利用各种历史的、装饰的风格进行修正,从而引发了后现代主义运动。但是,有一些设计家却依然坚持现代主义的传统,完全依照现代主义的基本语汇进行设计,他们根据新的需要给现代主义加入了新的形式简单的象征意义。从总体上来说,他们可以说是现代主义继续发展的后代。这种依然以理性主义、功能主义、减少主义方式进行设计的建筑家,虽然人数不多,但是影响很大。

4.3.1　巴黎音乐城——艺术和生活的场所

1994年法国建筑师克里斯蒂安·德·鲍赞巴克成为当年美国普利兹克建筑奖[①]得主。

1990年建成的巴黎音乐城(图4-3-1)是这位建筑师最著名的作品,它集中体现了鲍赞巴克的雕塑性原则。

图4-3-1　巴黎音乐城

音乐城位于巴黎拉维莱特公园的南入口附近,它的对面就是国家音乐和舞蹈学院。音乐城包括一个音乐厅,100间琴房,15个音乐教室,一个音乐博物馆和100名学生的宿舍。建筑布置及形式考虑到声学上的要求,一部分房屋采用波浪形屋顶。建筑体形既简洁又错综复杂。鲍赞巴克主张建筑要不断地重新创造。有的评论家认为鲍氏获奖是“一个反传统者的胜利”。

采用大量分离的小块是音乐城的建筑特色,这种特色并不会与线条的流畅性以及外表装饰的细致性相矛盾。音乐城最为抢眼的外观设计是巨大的波浪形屋顶,流露出奔放的音乐节奏。阳光透过波浪顶部的圆形透光孔调节建筑自身的明暗色调,打破了现代建筑中规中矩的严谨形态,很受法国人的欢迎。鲍赞巴克在“音乐厅”的整个设计中,采用了多种有趣的形态设计来达到雕塑性的目的。他希望这种雕塑性的表达方式可以使建筑散发出更多的文化风采。巴黎音乐城的局部和内部,如图4-3-2、图4-3-3所示。

图4-3-2　巴黎音乐城局部

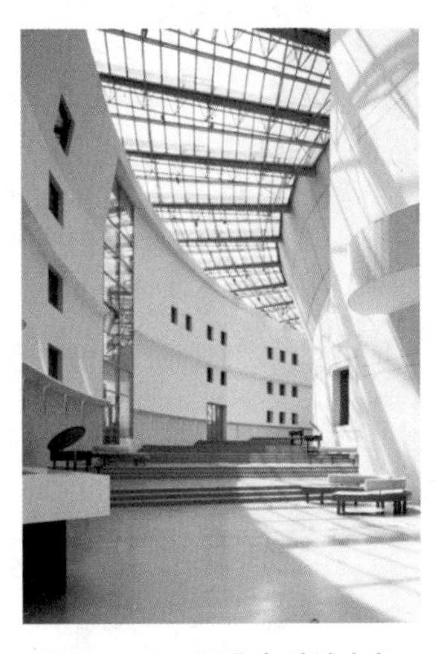

图4-3-3　巴黎音乐城内部

特点

巴黎音乐城的建筑分为东西两翼，步入其中，你首先可以看到富有节奏感的空间布局和高低错落的建筑层次。

穿行其间，在灰色的墙壁上，你会看见从波浪形屋顶透射下来的斑驳阳光。你还会在这巨大、寂静的空间里，隐约听见美妙的乐声。在这里，你会情不自禁地屏住呼吸，享受这个美妙空间里有形和无形的音乐对心灵的触动。

音乐城的西翼建于1990年，主体是巴黎音乐与舞蹈学院，建筑面积共4万平方米。

音乐城的东西两翼建筑通过宽阔、明亮的走廊连接起来，这里也是学生们交流、休息的场所。

步入东翼的音乐厅，你会被它那流线型的半穹窿吸引，这种设计不仅美观，还能使音乐厅的音效达到最佳。在这里，你将有机会聆听到经典的古典乐和世界各地流行音乐。

影响

音乐博物馆的游览顺序强化了对空间的感受，从首层的第一展厅"歌剧的诞生"然后上行到第三层"思想启蒙时期"，到了四层，其极高的天顶又被恰如其分地切分为高低不同的两层，分为"欧洲浪漫主义时期"和"历史的加速度"。最后一个展厅"世界音乐"则是回到二层结束。整个顺序设置让人丝毫感受不到跳跃，反倒在游览结束之时，感叹展览设计精妙，不同的楼层设计突破了人们传统理念中建筑的呆板之感使其充满变化，巨大的空间让人几乎迷失其中又在历史的追溯中找到去路。最后的"世界音乐"则让人一睹充满异国情调的乐器。

来自世界各地的音乐爱好者们除了在此欣赏音乐和相互交流外，还会参观这儿独一无二的音乐博物馆。馆内的收藏令每个参观者大饱眼福和耳福，即使待上一整天也不会厌烦。

按照博物馆设定的游览顺序，音乐的历史轨迹会在你脑海中逐渐清晰，而世界各地不同的音乐文化也同时绚烂展开。

相关知识拓展

①普利兹克建筑奖（图4-3-4）有建筑界的诺贝尔奖之称，是1979年由杰伊·普利兹克和妻子辛蒂发起，凯悦基金会所赞助的针对建筑师颁布的奖项。

每年有五百多名从事建筑设计工作的建筑师被提名，由来自世界各地的知名建筑师及学者组成评审团评出一个个人或组合，以表彰其在建筑设计创作中所表现出的才智、洞察力和献身精神，以及其通过建筑艺术为人类及人工环境方面所做出的杰出贡献，被誉为“建筑学界的诺贝尔奖”。

2018年3月7日，印度建筑师巴克里希纳·多西获得第40届普利兹克建筑奖。2019年3月5日，日本建筑师、城市规划师与建筑学者矶崎新成为2019年度普利兹克建筑奖获得者。

图4-3-4　普利兹克建筑奖

4.4　解构主义建筑

解构主义建筑是在20世纪80年代晚期开始的后现代建筑的发展。它的特别之处为破碎的想法，非线性设计的过程，有兴趣在结构的表面或和明显非欧几里得几何上花点功夫，形成在建筑学设计原则的变形与移位，譬如一些结构与大厦封套。

4.4.1　巴黎拉维莱特公园——城市公园模式

概述

在建造之初，拉维莱特公园（图4-4-1）的目标就定位为：一个属于21世纪的、充满魅力的、独特并且有深刻思想意义的公园。它既要满足人们身体上和精神上的需要，同时又是体育运动、娱乐、自然生态、科学文化与艺术等诸多方面相结合的开放性的绿地，并且，公园还要成为各地游人的交流场所。由于公园的现状并非是一块空地，而是由三个已建或正在建设的大型建筑和呈十字形交叉的河流组成，这给公园的设计工作带来了很大的限制性。如何将同样是公园重要功能的建筑融合到整个公园的氛围中，如何充分利用公园中现有的优美的自然景观资源——河流景观，如何打破现有的十字格局使构图更有活力？这些都成为设计师们在设计时首先要思考的问题。

图 4-4-1　拉维莱特公园

特点

拉维莱特公园被屈米[①]用点、线、面三种要素叠加，相互之间毫无联系，各自可以单独成一个系统。三个体系中的线性体系构成了全园的交通骨架，它由两条长廊、几条笔直的种有悬铃木的林荫道、中央跨越乌尔克运河的环形园路和一条被称为"电影式散步道"的流线型园路组成。东西向及南北向的两条长廊将公园的主入口和园内的大型建筑物联系起来，同时强调了运河景观。长廊波浪形的顶篷使空间富有动感，打破了轴线的僵硬感。长达2千米的流线型园路蜿蜒于园中，成为联系主题花园的链条。园路的边缘还设有坐凳、照明等设施小品，两侧伴有10—30米宽度不等的种植带，植以规整的乔、灌木，起到联系并统一全园的作用。

面的体系由10个象征电影片段的主题花园和几块形状不规则的、耐践踏的草坪组成，以满足游人自由活动的需要。10个主题花园风格各异，各自独立，毫不重复，彼此之间有很大的差异感和断裂感，充分体现了拉维莱特公园的多样性。这10个主题花园包括镜园、恐怖童话园、风园、竹园、沙丘园、空中杂技园、龙园、藤架园、水园、少年园。其中沙丘园、空中杂技园和龙园是专门为孩子们设计的。拉维莱特公园龙园，如图4-4-2。拉维莱特公园园路，如图4-4-3。

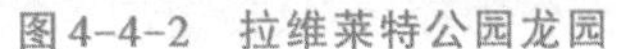

图4-4-2　拉维莱特公园龙园

图4-4-3　拉维莱特公园园路

沙丘园把孩子按年龄分成了两组，稍微大点的孩子可以在波浪形的塑胶场地上玩滑轮、爬坡等，波浪形的侧面有攀爬架、滚筒等，还在有些地方设置了望远镜、高度各异的坐凳等游玩设施。小些的孩子在另一个区域由家长陪同，可以在沙坑、大气垫床，还有边上的组合器械上玩耍。龙园里有抽象龙形的雕塑在园中穿梭，孩子们在龙上面上蹿下跳。空中杂技园中有许多大小各异的下装弹簧的弹跳圆凳，孩子们在上面蹦跳，为找身体平衡，会出现许多意想不到的杂技动作。乐园里欢笑不断，为公园带来了欢快、热闹的气氛。“镜园”里，在欧洲赤松和枫树林中竖立着20块整体石碑，贴有镜面，镜子内外景色相映成趣，使人难辨真假。“风园”中造型各异的游戏设施可以让儿童体会微妙的动感；“水园”着重表现水的物理特性，水的雾化景观与电脑控制的水帘、跌水或滴水景观均经过精心安排，富有观赏性，夏季还有儿童们喜爱的小泳池。“藤架园”以台地、跌水、水渠、金属架、葡萄苗等为素材，艺术地再现了法国南部波尔多地区的葡萄园景观。而下沉式的“竹园”是为了形成良好的小气候，由30多种竹子构成的竹林景观是巴黎市民难得一见的“异国情调”，位于竹园尽端的“音响圆厅”与意大利庄园中的水剧场有异曲同工之妙。“恐怖童话园”以音乐让人们从童话中获得的人生第一次“恐怖”经历。“少年园”以一系列非常雕塑化和形象化的游戏设施来吸引少年们，架设在运河上的“独木桥”让少年们体会走钢丝的感觉。其中“镜园”“恐怖童话园”“少年园”和“龙园”是由屈米设计的。

影响

就拉维莱特公园而言，设计师提出的有关现代城市公园的三个设计观点很值得我们借鉴。

首先，屈米提出了“园在城中，城在园中”的城市公园模式。力求创造一种公园与城市完全融合的结构，改变园林和城市分离的传统。这一结构并非只停留在公园的林荫道上，而是要做到城市里面有公园的要素，公园里面有城市的格局和建筑。

其次，屈米提出了“昼夜公园”的概念。他认为法国的公园只在白天开放，而真正需要到公园中放松身心的工作人口没有时间使用公园。为此，应借助美丽的夜景吸引公众夜晚到公园中来。由此带来的人气又可以避免公园成为夜晚的犯罪多发地，达到改善社会治安的目的。

第三，基于城市形态的发展变化，屈米提出可塑性空间的公园设计思路。他认为，城市处于不断变化之中，公园及其周围土地的利用方式未来难以预料，城市的发展往往造成公园因多次改造而难以协调。而能够随着城市的发展保持自身协调性和可塑性的公园结构是非常必要的。屈米采用的手法是以网格节点上的亭子作为控制点，使公园结构具有伸缩性。

屈米在规划设计公园景观的时候，能够不受传统园林设计规则的思维限制，另辟蹊径，创造了“世界上最庞大的间断建筑”，并将解构主义建筑的分拆和碎裂的技巧发挥到了极致。与此同时，当他以建筑师的身份在设计园林的时候，他的建筑思维会对园林的设计有所创新和突破，但也正是由于其建筑师的身份，在拉维莱特公园的设计中对解构主义思想的揣摩和应用上具有某种局限性，从而也抑制了解构主义园林的发展空间。

相关知识拓展

①伯纳德·屈米，世界著名建筑评论家、设计师。他出生于瑞士，毕业于苏黎世应用科技大学，具有法国、瑞士以及美国国籍。在美法两国工作与居住，拥有美国与法国建筑师的执照，长期担任哥伦比亚大学建筑学院院长。他著名的设计项目包括巴黎拉维莱特公园、东京歌剧院以及哥伦比亚学生活动中心等。

4.4.2 西班牙古根海姆博物馆——螺旋结构

概述

古根海姆博物馆是所罗门·R.古根海姆基金会旗下所有博物馆的总称，它是世界上最著名的私人现代艺术博物馆之一，也是全球性的一家以连锁方式经营的艺术场馆。古根海姆基金会成立于1937年，是博物馆的后起之秀，发展到今天，古根海姆已是世界首屈一指的跨国文化投资集团。古根海姆博物馆总部[①]设在美国纽约，在西班牙毕尔巴鄂、意大利威尼斯、德国柏林和美国拉斯维加斯拥有4处分馆。其中，最著名的古根海姆博物馆为西班牙毕尔巴鄂古根海姆博物馆(图4-4-4)。毕尔巴鄂古根海姆博物馆由生于加拿大多伦多的解构主义建筑大师弗兰克·盖里设计,在1997年正式落成启用,它以奇美的造型、特异的结构和崭新的材料立刻博得举世瞩目。

图4-4-4　西班牙毕尔巴鄂古根海姆博物馆

特点

该博物馆占地面积24000平方米,陈列的空间则有11000平方米,分成19个展示厅,其中一间还是全世界最大的艺廊之一,面积为130米乘以30米。整个博物馆结构体是由建筑师借助一套为空气动力学使用的电脑软件(从法国军用飞机制造商达索公司引进,名叫CATIA)逐步设计而成。博物馆使用玻璃、钢和石灰岩,部分表面还包覆钛金属,与该市长久以来的造船业传统遥相呼应。

影响

在20世纪90年代,人类建筑灿若星河,毕尔巴鄂古根海姆博物馆无疑是最伟大的建筑之一,与悉尼歌剧院一样,它们都属于未来的建筑提前降临人世,属于不是用凡间语言写就的城市诗篇。

相关知识拓展

①古根海姆博物馆总部即纽约古根海姆博物馆(图4-4-5),全称为所罗门·R.古根海姆博物馆,是古根海姆美术馆群的总部。该建筑是纽约著名的地标建筑,由美国20世纪最著名的建筑师弗兰克·劳埃德·赖特设计,建筑坐落在纽约市

一条街道的拐角处，与其他任何建筑物都迥然不同，可以说外观像一只茶杯，或者像一条巨大的白色弹簧，可能是因为其螺旋结构也有人说像海螺。

图 4-4-5　古根海姆博物馆总部

4.5　高技派建筑

高技派亦称“重技派”，突出当代工业技术成就，并在建筑形体和室内环境设计中加以体现，崇尚“机械美”，在室内暴露梁板、网架等结构构件以及风管、线缆等各种设备和管道，强调工艺技术与时代感。高技派的典型是法国巴黎蓬皮杜国家艺术与文化中心、香港汇丰银行大楼[①]等。

4.5.1　巴黎蓬皮杜艺术与文化中心——灵活的框架

蓬皮杜国家艺术和文化中心(图 4-5-1、图 4-5-2)是坐落于法国首都巴黎拉丁区北侧、塞纳河右岸的博堡大街的现代艺术博物馆[②]，当地人常简称为“博堡”。因这座现代化的建筑外观极像一座工厂，故又有“炼油厂”和“文化工厂”之称。

图4-5-1　蓬皮杜国家艺术和文化中心外部

图4-5-2　蓬皮杜国家艺术和文化中心内部

整座建筑占地7500平方米，建筑面积共10万平方米，南北长168米，宽60米，高42米，分为6层。大厦的支架由两排间距为48米的钢管柱构成，楼板可上下移动，楼梯及所有设备完全暴露。东立面的管道和西立面的走廊均为有机玻璃圆形长罩所覆盖。文化中心的外部钢架林立、管道纵横，并且根据不同功能分别漆上红、黄、蓝、绿、白等颜色。

整座建筑共分为工业设计中心、公共情报图书馆、现代艺术博物馆以及音乐与声乐研究中心四大部分。供成人参观、学习，并从事研究。与此同时，“中心”还专门设置了两个儿童乐园。一个是藏有2万册儿童书画的“儿童图书馆”，里面的书桌、书架等一切设施都是根据儿童的兴趣和需要设置的；另一个是“儿童工作室”，4—12岁的孩子都可以到这里来学习绘画、舞蹈、演戏、做手工等。工作室有专门负责组织和辅导孩子们的工作人员，以培养孩子们的兴趣和智力，帮助孩子们提高想象力和创造力。这座建筑南面小广场的地下有音乐和声学研究所。

特点

“国立蓬皮杜文化中心”不仅内部设计、装修、设备、展品等新颖、独特、具有现代化水平，它的外部结构也同样独到、别致、颇具现代化风韵。这座博物馆一反传统的建筑艺术，将所有柱子、楼梯及以前从不为人所见的管道等一律请出室外，以便腾出空间，供内部使用。整座大厦看上去犹如一座被五颜六色的管道和钢筋缠绕起来的庞大的化学工厂厂房，在那一条条巨形透明的圆筒管道中，自动电梯忙碌地将参观者迎来送往。当初这座备受非议的“庞大怪物”，今朝已为巴黎人所接受。

大楼的每一层都是一个长166米、宽44.8米、高7米的巨大空间。整个建筑物由28根圆形钢管柱支承。其中除去一道防火隔墙以外，没有一根内柱，也没有其他固定墙面。各种使用空间由活动隔断、屏幕、家具或栏杆临时大致划分，内部布置可以随时改变，使用灵活方便。设计者曾设想连楼板都可以上下移动，来调整楼层高度，但未能实现。蓬皮杜中心外貌奇特。钢结构梁、柱、桁架、拉杆等甚至涂上颜色的各种管线都不加遮掩地暴露在立面上。红色的是交通运输设备，蓝色的是空调设备，绿色的是给水、排水管道，黄色的是电气设施和管线。人们从大街上可以望见复杂的建筑内部设备，五彩缤纷，琳琅满目。在面对广场一侧的建筑立面上悬挂着一条巨大的透明圆管，里面安装有自动扶梯，作为上下楼层的主要交通工具。设计者把这些布置在建筑外面，目的是使楼层内部空间不受阻隔。

影响

中心打破了文化建筑的设计常规，突出强调现代科学技术同文化艺术的密切关系，是现代建筑中高技派的最典型的代表作。它是一座新型的、现代化的知识、艺术与生活相结合的宝库。人们在这里可以通过现代化的技术和手段，吸收知识，欣赏艺术，丰富生活。

如果说卢浮宫博物馆代表着法兰西的古代文明，那么“国立蓬皮杜文化中心”便是现代巴黎的象征。

蓬皮杜中心的建筑设计在国际建筑界引起了广泛关注，对它的评论分歧很大。有的赞美它是“表现了法兰西的伟大的纪念物”，有的则指出这座艺术文化中心给人以“一种吓人的体验”，有的认为它的形象酷似炼油厂或宇宙飞船发射台。

相关知识拓展

①香港汇丰银行大厦(图4-5-3)位于香港中环，属于香港汇丰银行有限公司的总办事处。

香港汇丰银行大厦经过长期的发展，形成当今的规模、地理、名称。当今的香港汇丰银行大厦，是汇丰大厦的第四代建筑。

第四代香港汇丰总行大厦，位于香港中环，夹在皇后大道中和德辅道中之间，邻近皇后像广场、渣打银行大厦，亦接近港铁中环站。由著名建筑师诺曼·福斯特设计，由构思到落成历时6年。整座建筑有46层楼面及4层地库，总高180米，用钢30000吨及铝4500吨。

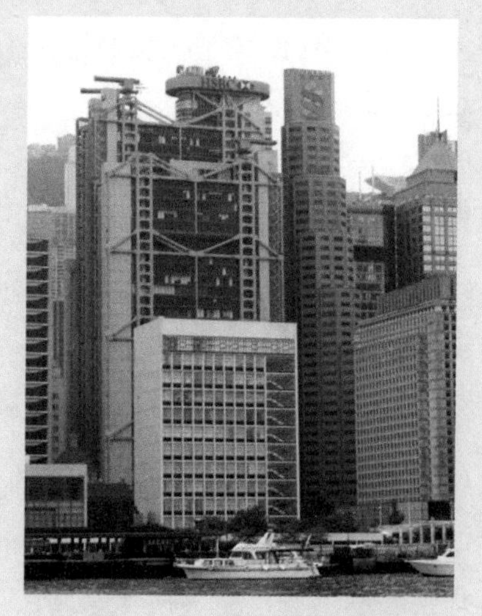

图4-5-3　香港汇丰银行大厦

②巴黎现代艺术博物馆(图4-5-4)位于法国巴黎16区,临近东京宫。

图4-5-4　巴黎现代艺术博物馆

4.6　生态建筑

为了建筑、城市、景观环境的“可持续”,建筑学、城市规划学、景观建筑学学科开始了可持续人类聚居环境建设的思考。许多有识之士逐渐认识到人类本身是自然系统的一部分,它与其支撑的环境休戚相关。在城市发展和建设过程中,必须优先考虑生态问题,并将其置于与经济和社会发展同等重要的地位;同时,还要进一步高瞻远瞩,通盘考虑有限资源的合理利用问题,即我们今天的发展应该是“满足当前的需要又不削弱子孙后代满足其需要能力的发展”。这就是1992年联合国环境和发展大会《里约热内卢宣言》[1]提出的可持续发展思想的基本内涵,它是人类社会的共同选择,也是我们一切行为的准则。建筑及其建成环境在人类对自然环境的影响方面扮演着重要角色,因此,需要对资源和能源的使用效率、对健康的影响、对材料的选择等方面进行综合思考,从而使其满足可持续发展原则的要求。近几年提出的生态建筑及生态城市的建设理论,就是以自然生态原则为依据,探索人、建筑、自然三者之间的关系,为人类营造一个最为舒适合理且可持续发展的环境的理论。生态建筑是21世纪建筑设计发展的方向。

4.6.1 德国法兰克福商业银行大厦——全球最高的生态建筑

1994年由诺曼·福斯特爵士担纲设计德国法兰克福商业银行大厦(图4-6-1),该大厦于1997年竣工。这座53层、高298.74米的三角形高塔是世界上第一座高层生态建筑,也是全球最高的生态建筑,同时还是目前欧洲最高的一栋超高层办公楼。

图4-6-1 德国法兰克福商业银行大厦

整座大厦除在极少数的严寒或酷暑天气外,全部采用自然通风和温度调节,将运行能耗降到最低,同时也最大限度地减少了空气调节设备对大气的污染。

该建筑平面为边长60米的等边三角形,其结构体系是以三角形顶点的三个独立框筒为“巨型柱”,以8层楼高的钢框架为“巨型梁”,将其连接而围成的巨型筒体系,具有极好的整体效应和抗推刚度,其中“巨型梁”产生了巨大的“螺旋箍”效应。49层高的塔楼采用弧线围成的三角形平面,三个核(由电梯间和卫生间组成)构成的三个巨型柱布置在三个角上,巨型柱之间架设空腹拱梁,形成三个无柱办公空间,其间围合出的三角形中庭,如同一个大烟囱。为了发挥其烟囱效应,组织好办公空间的自然通风,经风洞试验后,在三个办公空间中分别设置了多个空中花园。这些空中花园分布在三个方向的不同标高上,成为“烟囱”的进、出风口,有效地解决了办公空间自然通风问题。据测算,该楼的自然通风量可达60%。三角形平面又能最大限度地接纳阳光,创造良好的视野,同时又可减少对北邻建筑的遮挡。因此,大厦被冠以“生态之塔”“带有空中花园的能量搅拌器”的美称。

大楼的方案设计(图4-6-2)是福斯特事务所与德国法兰克福商业银行大厦以及城市规划师三方通力合作的产物。大楼和商业银行旧楼毗邻而建,并对周边原有建筑进行了维护和完善。在新建筑和城市街区交接的部分,设计了新的公共空间——一个冬季花园作为过渡,在花园内设有餐馆、咖啡馆以及艺术表演和展示空间。大楼的裙房内设有综合性商场、银行和停车场。环三角形平面依次上升的半层高高架花园,使大厦又宛若三片花瓣夹着一枝花茎。“花瓣”是办公区域,而“花茎”则是一个巨大的、自然通风的中庭。多个4层高的空中花园沿着中庭螺旋而上，不仅为办公人员提供了舒适的绿色景观。同时，塔内每间办公室都设有可开启的窗以享受自然通风，从而避免了全封闭式办公建筑的昂贵开支。电梯、楼梯间和服务用房被成组放置在大楼的三个角部，使村落般散置的办公室和花园更具整体性。成组的巨柱支撑着横梁，办公室和空中花园都不受结构构件的干扰。

图4-6-2　德国法兰克福商业银行大厦主体大楼

影响

生态环境设计，就是以人为本，创造出一个既接近自然又符合健康要求，并且舒适的人类生活与工作的空间。福斯特的空间生态设计表现在法兰克福商业银行开放空间的组织与能最大限度地通风与自然采光上。良好的建筑形态并未使造型凌驾于空间之上，而是充分考虑到了实用性和舒适性，处理好了空间关系。福斯特往往能坚持自己的设计风格，能在业主、工程师和造价师之间取得最终的协调，全力发挥自己的设计。

相关知识拓展

①1992年6月，在联合国环境与发展大会上签署了《联合国气候变化框架公约》。联合国环境与发展会议于1992年6月3日至14日在里约热内卢召开，重申了1972年6月16日在斯德哥尔摩通过的联合国人类环境会议的宣言，并谋求以

之为基础。目标是通过在国家、社会重要部门和人民之间建立新水平的合作来建立一种新的和公平的全球伙伴关系，为签订尊重大家的利益和维护全球环境与发展体系完整的国际协定而努力，认识到我们的家园地球的大自然的完整性和相互依存性。

4.7 高层建筑的奇迹

高层建筑是建筑高度大于27米的住宅建筑和建筑高度大于24米的非单层厂房、仓库和其他民用建筑。

在美国，将高度在24.6米或7层以上的建筑视为高层建筑；在日本，31米或8层及以上的建筑视为高层建筑；在英国，把高度等于或大于24.3米的建筑视为高层建筑。中国《高层建筑混凝土结构技术规程》(JGJ 3—2010)规定，10层及10层以上或房屋高度大于28米的住宅建筑，以及房屋高度大于24米的其他高层民用建筑混凝土结构为高层建筑。

公元前280年，古埃及人建造了高100多米的亚历山大港灯塔。523年，在中国河南登封县建成高40米的嵩岳寺塔。现代高层建筑兴起于美国，1883年在芝加哥建起第一幢高11层的家庭保险公司大楼，1931年在纽约建成高102层的帝国大厦。第二次世界大战以后，出现了世界范围的高层建筑繁荣时期。1970—1974年建造的美国芝加哥西尔斯大厦，约443米高。

4.7.1 纽约世界贸易中心——“世界之窗”

概述

世界贸易中心(1973—2001年，简称世贸中心)原为美国纽约的地标之一(图4-7-1)，原址位于美国纽约市曼哈顿岛西南端，西临哈德逊河，由美籍日裔建筑师山崎实设计，建于1962—1976年。占地6.5公顷，由两座110层(另有6层地下室)高411.5米的塔式摩天楼和4幢办公楼及一座旅馆组成，是纽约市最高、楼层最多的摩天大楼。摩天楼平面为正方形，边长63米，每幢摩天楼实用面积46.6万平方米。2001年9月11日，两架遭到恐怖分子劫持的飞机分别撞向世界贸易中心一号楼和二号楼，两座大楼在两个小时内相继坍塌，导致包括世贸中心其余5栋大楼、德意志银行大楼在内的多栋建筑物严重受损。2002年，一个新的世界贸易中心建筑群在世界贸易中心遗址上动工建设。

图4-7-1　纽约原世贸中心

特点

世界贸易中心由7座建筑组成，最明显的是楼高417米（北塔）和415米（南塔）的摩天大楼。一号楼天线、尖顶高526.3米，屋顶高417米，最高楼层高412米，成为当时世界上最高的摩天大楼。

大楼于1966年开工，历时7年，1973年竣工（北塔在1972年完工，南塔在1973年完工）。1995年对外开放，有“世界之窗”之称。整个工程耗资7亿美元。它共包括7栋建筑物，主要是由两栋110层的塔楼组成，还有8层楼的海关大厦和22层楼的万豪世贸酒店等。世界贸易中心摩天楼采用钢框架套筒体系，第9层以下承重外柱间距为3米。9层以上外柱间距为1米，标准层窗宽约0.55米，核心部位为电梯井，每座楼内设电梯108部。在第44层和第78层设有银行、邮局和公共食堂等服务设施。第107层是瞭望层，可通过两部自动扶梯到110层屋顶。地下1层为综合商场，地下2层为地铁车站，地下3层及以下为地下车库，可停放汽车2000辆。

世界贸易中心是纽约重要的观光点，平均每年接待170多万名游客。大楼内共有22个餐馆和咖啡厅。两栋楼共有239部电梯，其中最快的电梯每秒钟升高约8.2米（27英尺）。大楼顶部的观景台对游客开放。

登上顶层，眺望曼哈顿全景，那蔚蓝色海湾中的自由女神像，那高耸入云的帝国大厦，那横跨东河的大桥，只有站在这里，你才能领略纽约这座世界金融之城的风采。大楼有84万平方米的办公面积，可容纳5万人工作，每天来办公和参观的人有3万左右。

影响

高度——世界贸易中心有110层，高约415米(另有411米、417米的说法)，在1973年举行落成仪式时是世界最高的建筑(两年后即被同样层数、443米高的芝加哥西尔斯大厦超过，但仍是纽约最高的建筑)。除两座110层的高楼外，世界贸易中心还包括海关大楼、酒店、商业等5座建筑和一个广场，占地约16公顷，总面积达92.9万平方米。据报道，完全倒塌的包括1号楼、2号楼和7号楼。

结构——双子大楼高宽比为7:1，由密集的钢柱组成，钢柱之间的中心距离不到1米，所以窗都是细长形，身在室内没有大玻璃造成的恐惧感。密密的钢柱围合起来构成巨大的方形管筒，中心部位也是钢结构，内含电梯、楼梯、设备管道和服务间。两座塔楼都能提供75%的无柱出租空间，大大超过一般高层建筑的使用率，被誉为当时世界上最大的室内空间。

世界贸易中心不仅提供大面积的写字楼，而且是纽约曼哈顿地区最大的室内商场，里面有很多家专卖店和快餐厅，还有各种规格大小的会议室、贸易展销厅、艺术展览馆、学术研讨厅等功能齐全的场所。

工程量——下面的数字描述了这个纯钢庞然大物的巨大:建造时挖出了90多万立方米的泥土和岩石，用了20多万吨钢材、32万多立方米混凝土，澳大利亚还专门为修建它设计制造了8台起重机，为穿越这“立起来的城”，200多部电梯和70多座自动扶梯不停工作，电梯的速度最高达每秒钟8米。

广场——世界贸易中心广场是建筑师在千方百计节约建筑占地之后留给人们的礼物，之所以这么说，是因为在高楼密集的曼哈顿，这个地方最让人放松。它为步行者提供了一个躲避汽车和喧嚣的场所，有绿地、喷泉、座椅，有轻松漫步的行者和嬉戏玩耍的孩子。

58秒——世界贸易中心最吸引人的是位于顶楼的世界之顶，在2号楼的107层，设有观景台，可搭乘快速电梯在58秒内到达，在观景台上有三座仿直升机的戏院，里面有移动式座椅及镭射电影厅。在晴空万里的日子，登高抵达顶端的观景台，楼顶设有宽阔的平台，极目远眺可以纵览海景。平台边缘以通电的有刺铁丝网围起，有时可以看到飞机或直升机在下方飞过。

2001年9月11日，世界贸易中心被以本·拉登为首的“基地”组织策划的恐怖袭击所摧毁，共2979人丧生。飞机撞入纽约原世贸中心，如图4-7-2所示。

图4-7-2　飞机撞入纽约原世贸中心

8时46分40秒，美国航空公司11次航班（一架满载燃料的波音767飞机）以大约每小时490英里（约合790千米/小时）的速度撞向世界贸易中心北塔，撞击位置为大楼北面94—98层之间。大楼立即爆炸，而飞机上的燃料倾倒进大楼，更加剧火势，整幢大楼结构遭到毁坏。被撞击楼层以下的人员开始疏散。但3道楼梯都被撞坏，因此被撞击楼层以上的人员无法逃离。

9时02分54秒，美国联合航空175次航班（另一架满载燃油的波音767飞机）以大约每小时590英里的速度撞入世界贸易中心南楼78—84层处，并引起大爆炸。飞机部分残骸从大楼东侧与北侧穿出。但还有1个楼梯间完好无损，因此少数在撞击点以上的人员仍可生还。纽约世界贸易中心的两幢110层摩天大楼在遭到攻击后相继倒塌，除此之外，世贸中心附近5幢建筑物也因受震而坍塌损毁。[①]

相关知识拓展

①倒塌原因

世界贸易中心是由日裔美籍建筑设计师山崎实所设计。事后据他生前的助手说，因为参考过去帝国大厦曾经受到美国空军轰炸机误撞事件的影响，在设计过程当中已经考虑到需要使大楼结构足以抵御大型飞机的直接撞击。有报道分析，认为大楼的倒塌并不是因为飞机的直接冲撞，而是飞机内满载的航空煤油倾泻进入大楼所引起的大火所释放出的巨大热量，软化了支撑大楼的钢筋骨架，最终导致世贸中心大楼在自身重力的作用下坍塌。但是,也有一些建筑学家认为仅凭大火并不能令大楼倒塌,有关大楼结构设计的调查依然在进行中。纽约原世贸中心遭击情况,如图4-7-3所示。

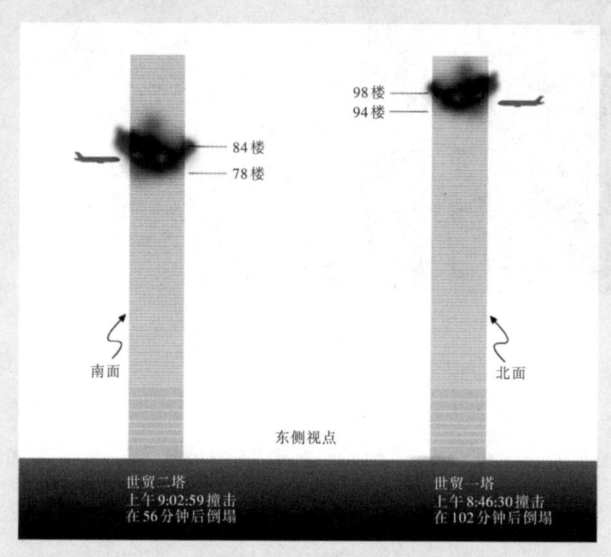

图4-7-3 纽约原世贸中心遭击示意图

4.7.2 芝加哥西尔斯大厦——美国第一高楼

概述

芝加哥西尔斯大厦(图4-7-4),又译为韦莱集团大厦,是位于美国伊利诺伊州芝加哥的一幢摩天大楼,曾是北美第一高楼,2013年11月12日被世贸中心一号楼打破纪录。

落成时名为西尔斯大厦,2009年,总部在伦敦的保险经纪公司——韦莱集团,同意租用该大楼作为办公楼,同时取得了该建筑物的命名权。2009年7月16日10点整,该建筑物官方名字正式改为韦莱集团大厦。西尔斯大厦有110层,一度是世界上最高的办公楼。每天约1.65万人到这里上班。在第103层有一个供观光者俯瞰全市用的观望台。它距地面442米,天气晴朗时可以看到美国的4个州。

图4-7-4　芝加哥西尔斯大厦

特点

大厦结构工程师是1929年出生于达卡的美籍建筑师F·卡恩。顶部设计风压为3千帕，设计允许位移(振动时允许产生的振幅)为建筑总高度的$\frac{1}{500}$,即900毫米,建成后最大风速时实测位移为460毫米。他为解决像西尔斯大厦这样的高层建筑的关键性抗风结构问题，提出了束筒结构体系的概念并付诸实践。整幢大厦被当作一个悬挑的束筒空间结构①,离地面越远剪力越小,大厦顶部由风压引起的振动也明显减轻。所有的塔楼宽度相同,但高度不一。大厦外面的黑色环带巧妙地遮盖了服务性设施区。大厦采用由钢框架构成的成束筒结构体系,外部用黑铝和镀层玻璃幕墙围护。芝加哥西尔斯大厦夜景,如图4-7-5所示。

其外形的设计是逐渐上收的:1—50层每层是由9个宽度为23.86米的方形筒组成的正方形平面;51—66层各截去一对对角方筒单元;67—90层再各截去另一对对角方筒单元,形成十字形;91—110层由两个方筒单元直升到顶。这样,既可减小风压,又取得外部造型的变化效果。大厦的造型有如9个高低不一的方形空心筒子集束在一起,挺拔利索,简洁稳定。不同方向的立面形态各不相同。束筒结构体系是建筑设计与结构创新相结合的成果。

图4-7-5 芝加哥西尔斯大厦夜景

影响

芝加哥这座城市有着大城市该有的繁华，又不乏中西部的质朴。而西尔斯大厦的竣工标志着美国摩天大楼发展高潮的到来，该大厦保持全球最高建筑物的纪录长达20多年。芝加哥是许多高层建筑新技术的首创之地，西尔斯大厦高达443米，可以容纳16500人，是芝加哥市区天际线一座引人注目的地标。从地面一层到第103层，有快速专用电梯直达，只需55秒钟，供游客鸟瞰整个芝加哥市，如遇阴天，则如置身云雾之间。西尔斯大厦是一个重要的里程碑，凸显出如何充分利用结构系统，来让高层建筑以更少的建材完成更惊人的高度，此外，也示范了如何把国际式的现代主义纳入美国的建筑物，成为企业权力的象征。

相关知识拓展

①束筒结构即组合筒结构。建筑平面较大时，为减小外墙在侧向力作用下的变形，将建筑平面按模数网格布置，使外部框架式筒体和内部纵横剪力墙(或密排的柱)成为组合筒体群。

这就大大增强了建筑物的刚度和抗侧向力的能力。束筒结构可组成任何建筑外形，并能满足不同高度体型组合的需要，丰富了建筑的外观。美国芝加哥110层的西尔斯大厦就是采用了束筒结构。

4.7.3　香港中国银行大厦——让光线来作设计

**概述**

中银大厦(图4-7-6)全称香港中国银行大厦,是中国银行在香港的总部大楼,位于香港中西区中环花园道1号,由美籍华裔建筑师贝聿铭设计,原址为美利楼,地处中区经济和金融核心地带。

图4-7-6　中银大厦

中银大厦自1982年底开始规划设计,1985年4月动工,1989年建成,基地面积约8400平方米,总建筑面积12.9万平方米,地上70层,楼高315米,加顶上两杆的高度共有367.4米,建成时是全亚洲最高的建筑物。大厦外形像竹子节节高升,象征着力量、生机、茁壮和锐意进取的精神,基座的麻石外墙代表长城。

整座中银大厦可简化地看成是由四个不同高度的三角柱体构成,层层叠起,节节高耸。最下面的1—17层,大致是由四个三角柱体组成的立方体;从平面图上来看,即为正方形,每条周边长52米,由两条对角线分割成四个三角形。再往上,则仿佛分段切掉了一些三角柱:首先是在第17层,对角线北面的那个三角柱被截去了,再往上是西面和东面两个三角柱被切掉了,从而造成不同高度的三角柱体参差不齐的形状。从第52层开始,就只剩南面那个三角柱体,一直到顶部第70层,其尖角即为大厦最高点。从不同侧面看去,中银大厦犹如一支巨大的新篁，下大上小，节节升高。

中银大厦两侧的两个三角形花园，与建筑物的三角形主题协调统一，格调和谐，与大厦相互映衬。园中一草一木、一山一水的布局经营，古朴典雅，颇具中国山水画的韵味，更使整座建筑散发出浓厚的中华文明气息。

中银大厦底部之二层墩座，铺以颜色深浅不同的花岗石，并镶以大型玻璃，不仅与上部的幕墙颇为协调，而且有深沉稳重的感觉，这是中银集团事业"根基稳固"的隐喻。

中银大厦分南北两个主入口，南正门两侧设置红色的中国银行行徽，北正门侧矗立两根中国古典宫廷建筑的华表——实质是灯柱。西南角竖立旗杆，上面是飘扬的五星红旗。

北正门入口为大堂，大堂以中国式双拱型通道设计，让人联想到中国的象征——长城的拱门。大堂两侧是电梯区。整个新厦内设置的大大小小电梯，共有45部，分区使用。如从南正门进入，则有自动电梯送客直上三楼的营业大厅，顶部有大藻井，并过渡到一个15层高的天井，该天井直通到第17层北面三角柱的玻璃斜顶，巧妙地使营业大厅也能享受到自然光线的照射。

17楼是第一个有斜面屋顶的楼屋，斜面达7层楼高，在其北侧的休闲厅，透过玻璃天窗可以仰视到大厦的上部楼层，在中庭可以俯瞰营业大厅，此设计展现出空间的流畅性。

特点

中银大厦设计灵感源自竹子的"节节高升"，象征着力量、生机、茁壮和锐意进取的精神，也寓意中国银行(香港)未来继续蓬勃发展。

中银大厦的设计，也如竹子一样外刚内柔，大厦的重力集结在外墙上，受风程度及防震力也同时得到加强。中银大厦糅合中国的传统建筑意念和现代的先进建筑科技，以玻璃幕墙及铝合金建成，大厦由四个不同高度结晶体般的三角柱身组成，呈多面棱形，好比璀璨生辉的水晶体，在阳光照射下呈现不同的色彩和空间感，体现着贝聿铭的设计名言："让光线来作设计。"

在热带风暴多、风力常比纽约大两倍的香港，欲使高楼稳如磐石，就必须有充分可靠的技术保证。根据棱形空间网架的几何原理，贝聿铭采用了崭新的形式作结构，依靠位于整座方形平面的大厦四角的四根大柱来承受全部重量，外墙上的大型"X"钢架则作为整个结构的一个组成部分，以使垂直荷重分散传至四角的大柱上，从而避免建筑物内部出现众多的支柱。这种结构不仅赋予大厦稳固的支撑，所耗用的钢材也比相应高度的传统建筑物节省一半左右。

中银大厦整幢建筑由最简单的线条组成，大厦最底下的十多层是近乎正方形的，之后，往上向外的一面，向上倾斜延伸，另两边则向中央收窄，与向上斜伸的一面会合；再十多层高后,原来向内收窄的两翼,均向上倾斜收窄,因而使最上的十多层又成一个较小的正方形的建筑形式。

中银大厦的外表线条简单明了,平滑的浅墨色及略呈银白色反光玻璃墙幕,配以银白色平滑宽阔金属片,镶嵌建筑物四边角位,各个面的中间打上一个斜斜的银白色大十字,其反传统、反华丽、反烦琐,具有现代感,成了香港的新标志。港币一百元上的中银大厦,如图4-7-7。

图4-7-7　港币一百元上的中银大厦

影响

中银大厦屡获香港和国际建筑设计及环保大奖,包括:2016年ISO14001:2004环境管理体系的国际认证、2002年香港建筑环境评估“优秀”评级奖项、1999年香港建筑师学会①香港十大最佳建筑、1992年大理石建筑奖、1991年AIA Reynolds Memorial Award、1989年杰出工程大奖、1989年杰出工程奖状、CITAB-CTBUH 2016年中国高层建筑成就奖等。

相关知识拓展

①香港建筑师学会成立于1956年9月3日,是香港专业团体之一。当初是由27位建筑师组成,旨在提升建筑设计、促进和辅助各种相关艺术及科技知识的汲取。除此之外,提高会员的专业服务水准。后来香港建筑师学会获英国皇家建筑师学会认可。1972年,正式改名为“香港建筑师学会”。现香港建筑师学会共有约150位资深会员。学会的事务由理事会负责统筹。其中成员包括会长、两位副会长、秘书长、财务长、八位理事会员、上届会长(当然委员)和各部门主席。

4.7.4 吉隆坡双塔大厦——世界上最高的双子楼

吉隆坡石油双塔曾经是世界最高的摩天大楼，目前仍是世界最高的双塔楼，也是世界第十六高的大楼。该大楼坐落于吉隆坡市中心KLCC计划区的西北角，属于此计划区的第一阶段工程。吉隆坡双塔大厦，如图4-7-8。

图4-7-8 吉隆坡双塔大厦

吉隆坡双塔大厦高452米，地上88层，由美国建筑设计师西萨·佩里所设计的大楼，表面大量使用了不锈钢与玻璃等材质。双塔大厦与邻近的吉隆坡塔[①]同为吉隆坡的知名地标及象征。

空中桥梁（图4-7-9）建在第41和42层（距离地面170米）处，长58.4米。用于连接和稳固两栋大楼，并开放让所有观光客参观。双塔的外檐为46.36米直径的混凝土外筒，中心部位是22.7千米×22.94千米高强度钢筋混凝土内筒，0.45米高轧制钢梁支托的金属板与混凝土复合楼板将内外筒连在一起。4架钢筋混凝土空腹格梁在第38层内筒四角处与外筒结合。位于圆形与正方形重送交接点位置处的16根混凝土柱子支撑上部结构荷载。连接双峰塔的空中走廊是目前世界上最高的过街天桥。肖恩·康纳利及凯瑟琳·泽塔琼斯主演的《偷天陷阱》里，男女主角就是从这里逃脱的。

图4-7-9　双塔大厦空中桥梁

双塔的楼面构成给它们带来了独特的轮廓。其平面是两个扭转并重叠的正方形，用较小的圆形填补空缺；这种造型可以理解为来自伊斯兰，而同时又明显是现代的和西方的。双塔的外檐为46.36米直径的混凝土外筒，塔楼的主要用户是马来西亚政府拥有的国家石油公司。其交通问题通过一个轻轨车站、地下雨道网及拓宽的马路来解决。据说当初建造双塔大厦的时候，以每四天起一层楼的速度，足足建了两年半，可见当时的马来西亚向世人展示自己经济发展成果的骄傲。

影响

吉隆坡双塔大厦高88层，巍峨壮观，气势雄壮，是马来西亚的骄傲。它以451.9米的高度打破了美国芝加哥西尔斯大厦保持了22年的最高纪录，成为当时世界上独一无二的巨型建筑。

连接双塔大厦的空中走廊是目前世界上最高的过街天桥。站在这里，可以俯瞰马来西亚最繁华的景象。双塔大厦内有全马来西亚最高档的商店，销售的都是品牌商品，当然价格也是最高的。塔内有东南亚最大的古典交响音乐厅——Dewan古典交响音乐厅。

相关知识拓展

①在吉隆坡市区，耸立着海拔515米的吉隆坡塔（图4-7-10）。其塔身净高421米，令人叹为观止，堪称吉隆坡的象征。塔的表面为竖条型拱肋，塔重100000吨。塔基没有打桩，而是直接使用了一片独立式的土地。吉隆坡塔可以说是东南

亚第一高塔,也是世界排名第四的通信高塔。塔的建造历时4年,于1996年4月完成。其抗风式结构足以抵挡40米/秒的风力,是世界名塔联盟的成员之一。

图4-7-10 吉隆坡塔

4.8 大空间建筑的新面貌

大空间建筑指空间高大,室内无隔层、柱体的各类建筑。在公用民用建筑方面主要指影剧院、音乐厅、大会堂、体育馆、展览馆等。此外,工业建筑中也存在这类大型的车间、厂房。高大空间除具有一般空调工程的共性以外,还具有自己的特点:(1)负荷特殊。由于高大空间顶棚高、容积大,室内产生的热量向上升腾,在顶棚下积聚大量热量,导致整个空间垂直温度梯度大,温度有分层现象发生;高大空间的外墙与地板面积之比较大,导致外界界面对室内空间的自然对流影响较大,冬季易在四周造成下降冷气流;由于居留区的人员设备比较密集,地面部分散热量所占总负荷比例比较大。通常高大空间的冷负荷构成为:人体散热占50%—80%,灯光散热占2.5%—11%,围护结构占7.9%—26.5%,室外空气侵入的热占9.5%—11.2%。(2)室内体积大,换气次数少。大型体育馆空间可达20万立方米,运动场型体育馆可达上百万立方米。对于大空间建筑而言,人均占有空间体积比大,从卫生角度来看比较有利,但换气次数较少。(3)使用功能多。大空间建筑除古典音乐厅、大剧院、会堂等只具备有限的功能外,其他都有多功能要求,如体育运动、杂技、演剧、音乐会、展示会等,因而要设置临时的舞台、活动座椅等装备。不仅对空调带来多种环境要求,而且由于这些装备的存在也影响空调系统的设置。导致送、回风口受位置限制,很难布置在空调区域。此外,对空调系统的控制要求有相当的灵活性。

4.8.1　巴黎国家工业与技术中心陈列大厅——最大的壳体结构

概述

巴黎国家工业与技术中心陈列大厅(图4-8-1)整体造型就像一个倒扣着的贝壳,这是拉德方斯新区最早建造的造型非常独特的一座建筑。巴黎国家工业与技术中心陈列大厅,法文叫"Centre National des Industries et Techoniques,CNIT",这栋纯粹现代主义风格的大楼则是由3位法国建筑师设计的,他们是泽夫斯、卡麦洛特、让·德·麦利。

图4-8-1　巴黎国家工业与技术中心陈列大厅

特点

巴黎国家工业与技术中心陈列大厅建于1959年,法国为了显示飞速发展的工业成就和提供新产品展示服务而建造了这座外观富有艺术创意的新颖建筑。这幢坐落在巴黎的陈列馆平面为三角形,每边跨度218米,壳顶高出地面48米;屋顶是当时世界上跨度最大的壳体。总建筑面积达90000平方米。整个壳体采用一种"细胞状结构",每个"细胞"均有孔洞,用以通风和平衡温差。上层壳体内表面用水泥木丝板作为隔热层。壳体采用分段预制式双层双曲薄壳,双曲薄壳之间用预应力钢筋混凝土联结。两层壳体总厚度只有12厘米。顶部用特殊的构件把几组壳体连为一体,并把荷载传递至三个支点。支点是棱柱形支座,相互之间用预应力拉杆腾接支撑。

影响

巴黎国家工业与技术中心陈列大厅混凝土薄壳结构[①],是当前跨度最大的公共建筑。法

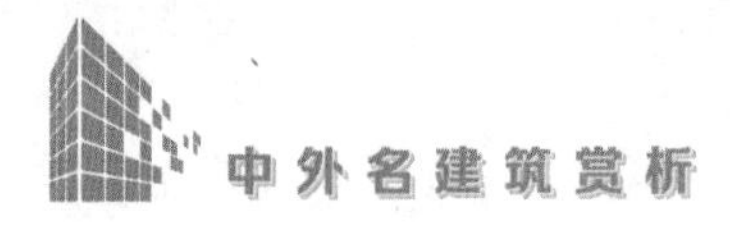

国政府早期通过政府投资、吸引私人资本，在CNIT大厦（图4-8-2）周围修建了大量现代主义大楼，这个区逐步形成欧洲最大的现代主义建筑群、最大的现代主义住宅区，是一个与传统巴黎完全不同的新城市，统称拉德芳斯区。

图4-8-2　CNIT大厦

相关知识拓展

薄壳结构（图4-8-3）是建筑学上的术语。壳，是一种曲面构件，主要承受各种作用产生的面内的力。薄壳结构就是曲面的薄壁结构，按曲面生成的形式分为筒壳、圆顶薄壳、双曲扁壳和双曲抛物面壳等，材料大都采用钢筋和混凝土。

图4-8-3　薄壳结构的建筑物

德育知识拓展·东方之珠

中银大厦是中银集团在1984年《中英联合声明》签署后决定兴建的，体现了对香港前途的信心，同时提升了香港国际金融中心的地位和影响力。中银大厦是香港的城市地标，它和它的设计者贝聿铭一样，是东方与西方文化的混合体。

贝聿铭的父亲贝祖贻是中国银行香港分行的创始人之一，在当时香港回归的背景下，中银大厦被赋予了特殊的含义。中银大厦不仅是一座建筑，它更是中国银行在世界银行界显著地位的象征，它不仅要让殖民统治时期建造的其他标志性建筑相形见绌，而且象征着香港美好的未来前景。贝聿铭说，它代表了“中国人民的雄心”。

香港(Hong Kong)，简称“港”(HK)，是中华人民共和国的特别行政区。它位于中国南部、珠江口以东，西与澳门特别行政区隔海相望，北与深圳市相邻，南临珠海市万山群岛，包括香港岛、九龙、新界和周围262个岛屿，陆地总面积1106.34平方米，海域面积1648.69平方米。截至2018年底，总人口约748.25万，是世界上人口密度最高的地区之一，也是世界人均预期寿命最长的地区。

香港自古以来就是中国的领土，1842—1997年间曾受英国殖民统治。“二战”以后，香港经济和社会迅速发展，不仅跻身“亚洲四小龙”行列，更成为全球最富裕、经济最发达和生活水平最高的地区之一。1997年7月1日，中国政府对香港恢复行使主权，并成立了香港特别行政区。中央政府拥有对香港的全面管治权，香港保持原有的资本主义制度长期不变，并享受外交及国防以外所有事务的高度自治权，以“中国香港”的名义参加众多国际组织和国际会议。“一国两制”“港人治港”、高度自治是中国政府的基本国策。

香港是一座高度繁荣的自由港和国际大都市，与纽约、伦敦并称为“纽伦港”，是全球第三大金融中心，重要的国际金融、贸易、航运中心和国际创新科技中心，也是全球最自由的经济体和最具竞争力的城市之一，在世界享有极高声誉。

香港是中西方文化交融之地以廉洁的政府、良好的治安、自由的经济体系及完善的法治闻名于世，有“东方之珠”“美食天堂”和“购物天堂”等美誉。

2019年7月1日，香港回归祖国20周年庆典和第五届香港特别行政区政府就职典礼在香港会议展览中心举行。中共中央总书记、国家主席习近平出席并发表重要讲话。他强调，“一国两制”是中国的一项伟大举措，是中国为国际社会解决类似问题提供的新思路和新计划，是中华民族对世界和平的贡献和发展。秉承“一国两制”的原则，倡导“一国两制”的做法，符合香港居民的利益，符合香港繁荣稳定的实际需要，符合香港的根本利益和国家以及全国人民的共同愿望。中央贯彻“一国两制”方针坚持两点：一是坚定不移，不会变、不动摇；二是全面准确，确保“一国两制”在香港的实践不走样、不变形，始终沿着正确方向前进。

“欲致其高，必丰其基；欲茂其末，必深其根。”任何危害国家主权安全、挑战中央权力和香港特别行政区基本法权威、利用香港对内地进行渗透破坏的活动，都是对底线的触碰，都是绝不允许的。只有牢固树立“一国”意识，坚守“一国”原则，正确处理特别行政区和中央的关系，才能为贯彻“一国两制”固本强基，为香港繁荣稳定筑牢基石。在“一国”的基础上，“两制”的关系应该也完全可以做到和谐相处、相互促进。把坚持“一国”原则和尊重“两制”差异、维护中央权力和保障香港特别行政区高度自治权、发挥祖国内地坚强后盾作用和提高香港自身竞争力有机结合起来，任何时候都不偏废，才能坚守“一国”之本，善用“两制”之利，让“一国两制”这艘航船劈波斩浪、行稳致远。

中国建筑新成就

5.1 北京国家大剧院——湖中明珠

国家大剧院(图5-1-1)位于北京长安街以南,人民大会堂西侧。它是中国最高的艺术宫,是当代中国文化的象征。该建筑的总面积为118893平方米,分为两个部分:国家大剧院项目,天安门广场西侧的环境重建以及地下停车场项目。总建筑面积约18万平方米。

图5-1-1 国家大剧院

该建筑具有新颖的造型,前卫的风格和独特的概念。中央建筑是半椭圆形的独特钢结构壳体,高度为46.285米,比人民大会堂低3.32米。该建筑四周都是水池,主体、绿色广场和公路水池形成了水珍珠的建筑形象。

特点

大剧院外壳的中央部分是一个逐渐开放的玻璃幕墙，由1200块超白玻璃巧妙地拼接而成;钛金属板拼接在其周围，占地面积超过30000平方米。这些钛金属板具有高强度、耐腐蚀的特性和良好的颜色，主要用于飞机等航空器制造的金属材料。经过特殊的氧化处理后，表面具有金属光泽的纹理，在15年内不变色。在总共18000多块钛金属板中，由于安装角度始终在变化，所以每块钛金属板大都是具有不同面积、大小和曲率的双曲面，其中只有4块形状完全相同。它们只有0.44毫米厚，就像一张薄纸一样，因此下面必须有复合材料制成的衬里。每个衬里也将被切割成与上面的钛金属板相同的尺寸，因此工作量和工作难度都极大。目前，这是世界上第一次在如此大的面积上使用钛金属板。

经过水下走廊后，走进橄榄厅。橄榄厅因其空间形状类似橄榄而得名。两扇大门庄严典雅，每扇大门上都有180个椭圆形凸起。它是中国古代门钉变形的演变，就像一个小剧院，可以俯瞰效果。向前走，是世界上最大的公共场所——公共大厅。大厅拥有全国最大的圆顶，可以覆盖整个北京工人体育场。圆顶由珍贵和稀有的巴西桃花心木制成，明亮而深红色与中国传统美学相呼应。通过大厅，就可以看到国家大剧院的主楼——歌剧院、音乐厅和剧院(图5-1-2)。这三者似乎是独立的建筑物，具有不同的功能和不同的色调，但同时它们通过空中走廊相连，以保持整个建筑物的连续性。

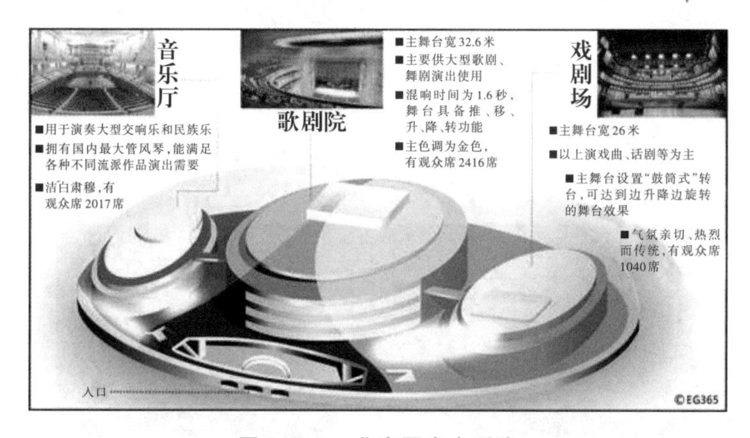

图5-1-2　北京国家大剧院

总之，国家大剧院具有新颖的造型、前卫的设计和独特的构思，将传统与现代、浪漫与现实相结合。这个“城市中的剧院，剧院中的城市”以献给新世纪的独特姿态出现，超出了“湖中的珍珠”的想象力。

金属结构的半球漂浮在平静的水面上，水面反射出奇妙的倒影，构成安静、庄重的画面，静静伫立，仿佛可以从剧院的特殊建筑色彩中找到悦耳动听的音乐和意义深远的戏剧。精致的设计使人们下定决心探索，沿着地下通道缓慢行走，走进剧院，进入中国最高的艺术殿堂，细细体会。

自2011年以来，大剧院在北京的153所中小学建立了“运营兴趣基地”，覆盖了东城、西城、朝阳、海淀、丰台和石景山6个区。歌剧院基地的孩子们每年可以定期欣赏歌剧、观看排练和听讲座。 2014年9月，国家大剧院响应北京市教委的呼吁——“首都大学和社会力量参与小学体育美育的发展”，并与北京小微胡同小学和北京自忠小学携手开设歌曲、音乐、舞蹈、戏剧、书籍、绘画等全方位的艺术教育课程，提供近600课时的艺术课程，涵盖小学所有年级，涵盖多种艺术类别，并组织学生观察艺术表演。

2014年12月，国家大剧院成立了NCPA志愿者服务协会。 2015年5月27日，“首都文学与艺术志愿服务联盟”在国家大剧院正式宣布成立。该协会总共聚集了44个文化艺术团体，有7246位艺术家。

相关知识拓展

建筑物的外围是景观湖(图5-1-3)，其设计理念来自京城水系。35500平方米的游泳池分为22个网格。格栅设计不仅便于维护，而且节水，也有利于安全。每个单元相对独立，但保持外观的整体一致性。为了确保池中的水在冬天不会冻结，在夏天不会生长藻类，采用了一套名为“中央液体冷却和热源环境系统控制”的水循环系统。

图5-1-3 景观湖

人工湖被绿化带所环绕，总面积为39000平方米，切断了长安街的喧嚣，形成了一个大型的文化休闲广场。整体与大剧院融为一体，并融合了多个楼层和社区等设计理念，因此国家大剧院成了一个生机勃勃的艺术世界。

5.2　中央电视台总部大楼——新奇而怪异的“大裤衩”

概述

中央电视台总部大楼（图5-2-1）位于北京市朝阳区东三环中路32号。它位于北京商务中心区（CBD），毗邻北京国际贸易大厦。该大楼由三栋建筑组成：西南侧的CCTV总部大楼（主楼），西北侧的电视文化中心（北配电楼）和东北角的能源服务中心。

图5-2-1　中央电视台总部大楼

中央电视台总部大楼于2007年12月24日被美国《时代》杂志评选为2007年世界十大建筑奇观之一。2013年11月7日被世界最高城市建筑协会（CTBUH）授予“2013年度全球最佳高层建筑奖”；2014年4月入选中国十大当代建筑之一。

特点

从高度上看，中央电视台总部大楼是周围建筑物中的佼佼者。主楼的两栋楼分别为52

层和44层，这意味着该建筑的最高点达到234米，加上地下3层，中央电视台总部大楼的规模已经相当大。电视台大楼在162米的高空开始向外延伸，即我们现在可以看到的顶角部分，它使用14层重18000吨的钢结构悬臂来完成对接，这是最令人惊叹的部分。这是中央电视台总部大楼最具特色的地方。

中央电视台总部大楼（主楼）由一栋52层高234米的塔楼和一栋44层高194米的塔楼组成。它有一个10层高的讲台，延伸了162米的大跨度。这座14层高的建筑重18000吨的钢结构悬臂相接（图5-2-2），钢的总消耗量达到14万吨，两塔的两个方向都倾斜6°，在163米以上由“L”悬臂结构连接在一起，建筑物外表面的玻璃幕墙由强烈的不规则几何图案组成。主楼主要分为5个区域：行政管理区、综合商务区、新闻制作和广播区、广播区和节目制作区。节目制作区将部分向公众开放。

图5-2-2　钢结构悬臂相接

中央电视台电视文化中心（北楼）是中央电视台面向社会的公共文化设施，是宣传和文化交流的窗口。它由五星级酒店、录音室、数字电影院、舞台塔、后舞台、剧院看台、视频室和展览厅组成，总建筑面积103648平方米。大楼的四、五层设酒店大堂、餐厅、商店、游泳池等公共活动场所，在上层大厅的北侧和南侧有300个房间，被中庭所包围，顶楼则是酒店的餐厅。

影响

2008年8月8日，中央电视台在央视总部大楼内设立了北京奥林匹克广播中心。

2014年1月24日，北京市公安局消防局和中央电视台在中央电视台总部大楼内进行了消防体验式培训和疏散演练。

自中央电视台总部大楼完工以来,2015年4月10日进行了第一次外墙清洁。

起初,我对这种"极度疯狂的设计计划"持保留态度,但后来,我觉得这种设计可以代表某种精神,"这种精神也正是中国在新时期所表现出来的东西。不畏权威、敢于尝试、无所畏惧和高度自信。(香港建筑师严讯奇语)"

中央电视台总部大楼对力学原理和消防安全底线提出了建模要求,这对结构安全和撤离安全带来了严重的隐患,同时带来了超高的工程造价——由原先计划造价50亿元提高到竣工后的100亿元。中央电视台总部(主楼)在某种程度上可以说已经被异化为满足广告需求的超大型装置艺术。

相关知识拓展

中央电视台总部大楼(主楼)的结构由许多不规则的菱形渔网金属支架组成,是经过精确计算的。塔的连接部分的结构借鉴了桥梁施工技术,悬挂部分高11层,其中包括一个伸出75米的悬臂,并且前端没有支撑。

图5-2-3 中央电视台总部大楼(主楼)的结构

中央电视台总部大楼外墙上的钢结构构件密度根据不同位置的应力变化而变化。为了满足倾斜的外墙造型和广播业务的复杂功能要求,设置了大量的转换桁架。同时,为了确保在不同地震烈度下的安全性,采用了基于性能的设计分析方法、性能验证和物理测试。由于中央电视台总部大楼的不规则设计,大楼各部分的压力差异很大。这些菱形块已成为调节压力的工具。受力较大的部位,使用更多的网来形成许多小的菱形,以分解受力;受力小的部位,则用较少的网纹构成大块的菱形。

5.3 国家体育场——鸟巢

概述

国家体育场(鸟巢)(图5-3-1)位于北京奥林匹克公园中心区的南部,是2008年北京奥运会的主要体育馆。该项目总面积为21公顷,场地内约有91000个观众席。在鸟巢举行了奥运会、残奥会开幕式和闭幕式以及田径比赛和足球比赛决赛。奥运会后,这里成为北京市民参加体育活动、享受体育娱乐的大型专业场所,成为具有里程碑意义的体育建筑和奥林匹克遗产。

图5-3-1 国家体育场

该体育馆是由雅克·赫尔佐格(Jacques Herzog)、德梅隆(De Meuron)、艾未未和李兴刚设计的,由北京城市建设集团建造。体育场的形状就像一个“巢”和孕育生命的摇篮,它寄托着人类对未来的希望。设计师对此场地没有做任何额外的处理,将结构暴露在外部,从而自然地形成了建筑物的外观。

该工程于2003年12月24日动工,于2008年3月竣工,总投资为22.67亿元。作为国家标志性建筑和2008年奥运会的主要体育场,国家体育场的结构非常有特色。体育场作为一个超级体育馆、大型体育场,主体结构设计使用100年,耐火等级一级,抗震设防强度为8度,地下工程防水等级一级。

2014年4月,中国十大当代建筑审查委员会从中国1000多个地标性建筑中选出20个,主要看年代、规模、艺术性和影响力四个指标。最终评选出10座当代建筑,北京鸟巢国家体育场是初评入围建筑之一。

特点

国家体育场(鸟巢)屋顶的钢结构覆盖有双层膜结构,即透明的上部ETFE膜固定在钢结构的上弦之间,而半透明的下PTFE声波固定在下弦之下的钢结构和内圈侧壁的吊顶。"鸟巢"位于北京奥林匹克公园,在北京市中心轴线北端的东侧,建筑面积25.8万平方米,是科技奥运的完美体现。"鸟巢"采用我国自主创新研制的Q460钢材,这些钢材撑起了"鸟巢"的钢筋铁骨,建成后,它拥有80000个固定座位和11000个临时座位。国家体育场座席,如图5-3-2所示。

图5-3-2　国家体育场座席

影响

1. 引入品牌

国家体育场积极组织各种大型表演,以确保全年不冷场。2010年5月初,"鸟巢"举办了首届"鸟巢杯"全国青少年足球邀请赛,同时还举行了"鸟巢杯"2010北京青年棒球联赛春季比赛。此外,"意大利超级杯"足球比赛、世界汽车之王比赛(ROC)等也让体育迷大饱眼福。"鸟巢"还成功举办了"成龙和他的朋友们"演唱会、"鸟巢夏季音乐节"、大型景观歌剧《图兰朵》等演出活动。

2. 丰富旅游内容

"鸟巢"具有世界独特的编织形态的钢膜结构外观。它已成为现代中国和新北京的象征,是海内外游客必游的景点。"鸟巢"的空间结构新颖,具有强烈的视觉冲击力,充分体现了

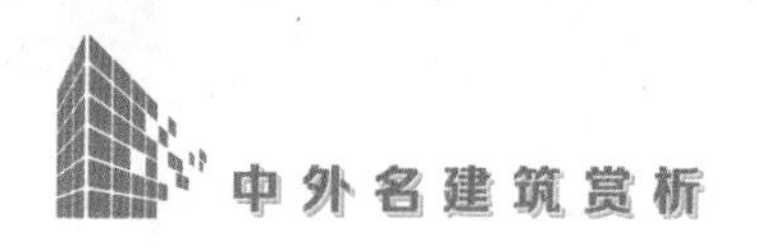

自然和谐之美。巨大的交错的外壳,布满光影的配电大厅,通向天空的钢制楼梯以及像森林一样的钢结构屋顶,令参观者眼花缭乱。

“鸟巢”是北京奥运会的博物馆。参观者不仅可以通过视频和图片回顾奥林匹克激动人心的时刻,还可以体验运动员练习和参加比赛的过程。“鸟巢”还将添加新的亮点以体现“鸟巢”的建筑和奥林匹克元素,例如钢结构游览、火炬展示中心、奥林匹克冠军墙和奥林匹克博物馆,以进一步继承和发扬奥林匹克精神,丰富奥林匹克精神,成为奥林匹克教育和爱国主义教育的基地。

3. 改善业务运作

“鸟巢”将为游客提供更周到、更贴心的服务,逐步完善餐饮、住宿、购物等配套设施。它将成为集体育、文化、旅游、会展、住宿、餐饮、售卖为一体的大型综合性场馆,让游客在“鸟巢”内可以享受一站式全方位服务。北京最大的世界杯特许商品旗舰店目前在“鸟巢”内营业。一层1500平方米的售卖空间,将与国际知名体育俱乐部合作,引进高端体育品牌专卖店,给游客更丰富的购物选择。2010年5月,“鸟巢”标识经过为期6个月孕育,正式向社会公布。“鸟巢”的衍生产品将更加实用化、艺术化,逐步树立“鸟巢的=高品质”的品牌形象。

4. 彰显场馆公益

“鸟巢”在以市场为导向的经营中,坚持“社会、公益和群众”的理念要求。它不仅掌握了场馆经济指标之间的平衡,还注重相应的社会责任。以人为本,将“鸟巢”建成“百姓场馆”,让广大市民感受到奥运情怀,享受休闲健身。“鸟巢”计划和举办的各种公益活动包括:参加“地球一小时”点火活动;教师节对教育工作者免费开放;接待国庆阅兵官兵;与中国红十字会合作,免费供孤儿游玩;部分门票收入赞助警察抚恤基金等。

相关知识拓展

鸟巢的建设汇集了国内顶级设计和建筑单位以及最优秀的钢结构加工厂。大家都知道鸟巢的许多钢结构构件(图5-3-3)看起来是都弯曲且专业。钢结构构件害怕弯曲和扭曲。弯曲和扭曲后,构件因失去稳定性而损坏,并失去钢结构的结构功能。对于要制造如此大的钢结构弯曲和扭转构件的钢结构制造工厂,制造精度是一个大问题。建设方组织设计监理和钢结构制造厂进行了许多实验,并采用了许多生产方法,这些方法已在欧洲航空航天中使用。该领域广泛使用CATIA软件来精确控制组件的制造和随后的空中安装,这些都是非常扎实的基础工作,是确保钢结构部件精度的必要条件。

图5-3-3　钢结构构件

除了开发和安装钢结构弯曲和扭转构件外，其他专业领域也有许多科学技术亮点。例如，“鸟巢”设计了六个储水池，它们的雨水利用量为12000立方米，年处理能力为58000吨。经过处理的再生水用于9种类别，例如草坪灌溉、空调水冷却、厕所冲洗、绿化和消防等。

屋顶设计的双层膜结构，如图5-3-4所示。

图5-3-4　双层膜结构

5.4 国家游泳中心——水立方

概述

国家游泳中心(图5-4-1),又称“水立方”(Water Cube),位于北京奥林匹克公园内,是北京为2008年夏季奥运会修建的主游泳馆,也是2008年北京奥运会标志性建筑物之一。

图5-4-1 国家游泳中心

它的设计方案,是经全球设计竞赛产生的“水的立方”方案。其与国家体育场(俗称“鸟巢”)分列于北京城市中轴线北端的两侧,共同形成相对完整的北京历史文化名城形象。

国家游泳中心规划建设用地62950平方米,总建筑面积65000—80000平方米,其中地下部分的建筑面积不少于15000平方米,长、宽、高分别为177米、177米、30米。

2008年奥运会举办期间,国家游泳中心承担游泳、跳水、花样游泳、水球等比赛,观众坐席有17000个,其中永久观众坐席为6000个,奥运会举办期间增设临时性座位11000个(赛后拆除)。赛后水立方成为具有国际先进水平的,集游泳、运动、健身、休闲于一体的中心。

特点

绿色奥运、科技奥运、人文奥运,作为北京奥运会的三大核心理念,对于北京奥运会的各项工作具有纲领性指导意义。三大理念中,首先就是绿色奥运。从《北京奥运行动规划》中对绿色奥运的定义不难看出,实现绿色奥运的每个环节,都需要以人们具有高标准的生态素养来保障,按照标准来落实各项工作。

国家游泳中心建设中采用主要先进节能技术包括热泵的选用、太阳能的利用、水资源综合利用、先进的采暖空调系统，以及控制系统和其他节能环保技术，如：采用内外墙保温，减少能量的损失；采用高效节能光源与照明控制技术；等等。这些新标准、新技术、新材料的采用，为我国今后建筑节能建设起到了良好的示范作用，还可进一步带动和促进我国建筑节能技术产业的发展。

水立方首次采用的ETFE膜材料，可以最恰当地表现"水立方"，水立方的外形看上去就像一个蓝色的水盒子，而墙面就像一团无规则的泡泡。这个泡泡所用的材料"ETFE"，也就是我们常说的"聚氟乙烯"。这种材料耐腐蚀性、保温性俱佳，自清洁能力强。国外的抗老化试验证明，它可以使用15—20年。而这种材料也很结实，据称，人在上面跳跃也不会损伤它。同时由于自身的绝水性，它可以利用雨水完成自身清洁，是一种新兴的环保材料。犹如一个个"水泡泡"的ETFE膜具有较好的抗压性，厚度仅如同一张纸的ETFE膜构成的气枕，甚至可以承受一辆汽车的重量。气枕根据摆放位置的不同，外层膜上分布着密度不均的镀点，这镀点将有效屏蔽直射入馆内的日光，起到遮光、降温的作用。

尽管伦敦奥运会的硝烟已经散去，但9月初的水立方里依然有场馆与英国文化旅游局合办的伦敦奥运展。不少游客与展会中的"伦敦眼""红色电话亭"和"双层大巴"合影留念。这个富有创意的联动展出让很多人意外。水立方当初仅仅半年就实现营业收入1.04亿元。旅游业依然是水立方经营收入非常重要的组成部分，但在水立方整体收入中的占比已由曾经的70%下滑到了30%左右。"水立方原来能够容纳1万多人的赛时场馆，只保留了3000左右的座椅，通过改造，经营面积从原来只有2万多平方米增加到了7万多平方米。这么大的场馆在9个月的时间里实现迅速转型，在奥林匹克所有场馆改造运行当中都无先例。"北京奥林匹克公园管委会常务副主任田巨清说。

在2011年底的全国体育局长会议上，水立方的相关负责人表示，水立方2011年自营收入为8800万元，但包括场馆维护、二期资产折旧、能耗等在内的成本费用税金总计却达到了9929.9万元。其中，水立方每年的能耗、场馆维护和劳动力成本共计5756.32万元，占总支出比重的58%。

这一系列数据被不少媒体简单地理解为"水立方年亏损1000多万元"。这一度令水立方相当不满，为此，水立方在最短时间里发表了《水立方全年运营盈亏平衡未亏损的情况声明》：水立方自营业务收入仅仅是水立方全年收入的一部分。2011年水立方实现收入超过1亿元，其中还包括专项资金支持、政策扶植、其他多元化收入来源等。国家游泳中心有限责任公司的副总经理杨奇勇对水立方这些年的转型是满意的，"水立方基本达到略有盈利"。

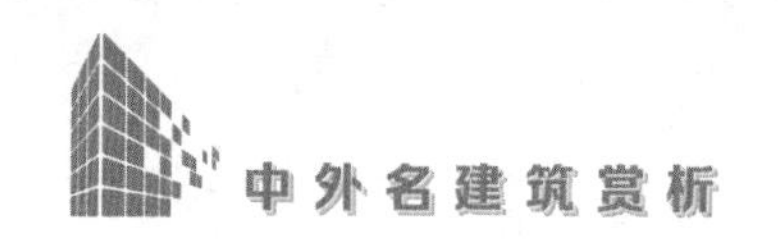

国际奥委会主席罗格在2011年9月参加北京群众体育大会时参观过水立方，他当时就评价："水立方的赛后运营是国际奥林匹克史当中场馆赛后利用的一个典范。"

相关知识拓展

"水立方"设计方、中建国际(深圳)设计顾问有限公司总建筑师郑方说过，基于"水立方"设计方案原创特点，确定了三大科技攻关课题，分别是室内声环境系统关键技术、钢结构关键技术和ETFE膜结构装配系统关键技术。

"水立方"的科研攻关在解决一系列科技难题的同时，在很大程度上填补了国内外在建筑科技领域的技术空白，有力推动了科学技术产业化和国外技术的国产化进程。

LED景观照明、钢结构安全与健康监测、基于ETFE膜的大空间声学效果控制、热回收空调技术、场地照明高强气体放电灯专用电源HEPS系统、智能救生系统、智能应急照明控制系统、智能消防系统。

为确保"水立方"的水质达到国际泳联最新卫生标准，泳池的水采用砂滤——臭氧——活性炭净水工艺，全部用臭氧消毒。据介绍，臭氧消毒不仅能有效去除池水异味，而且可消除池水对人体的刺激。

此外，泳池换水还全程采用自动控制技术，提高净水系统运行效率，降低净水药剂和电力的消耗，可以节约泳池补水量50%以上。此外，泳池和水上游乐池将采用防渗混凝土以防渗漏。

除了泳池用水，"水立方"的其他用水也十分节约。洗浴等废水，将经过生物接触氧化、过滤，再用活性炭吸附并消毒后，用于场馆内便器冲洗、车库地面的冲洗以及室外绿化灌溉。仅此一项就可每年节约用水44530吨。此外，为了减少水的蒸发量，"水立方"的室外绿地将在夜间进行灌溉，采用以色列的微灌喷头，建成后可以节约用水5%。

为尽可能减少人们在使用时对水的浪费，"水立方"对便器、沐浴龙头、面盆等设备均采用感应式的冲洗阀，合理控制卫生洁具的出水量，并在各集中用水点设置水表，计量用水量。预计通过这些措施，可以节水10%左右。

除了浴池用水，"水立方"还将在比赛大厅设立饮水处，为运动员和观众提供饮用水。为避免饮水的二次污染和浪费，"水立方"的饮用水采用末端直饮水处理设备。

5.5　台北101大楼——绿色建筑白金级认证

概述

台北101大楼(图5-5-1),又名台北101、台北金融大楼,坐落于台北信义区金融贸易区中心,东临信义广场,北依信义21号公园,西近富士洋行,南靠台北地铁信义线。

台北101大楼占地面积153万平方米,其中包含一座101层高的办公塔楼及6层的商业裙楼和5层地下楼面,每8层楼为1个结构单元,彼此接续、层层相叠,构成整体,建筑面积39.8万平方米。

图5-5-1　台北101大楼主体

特点

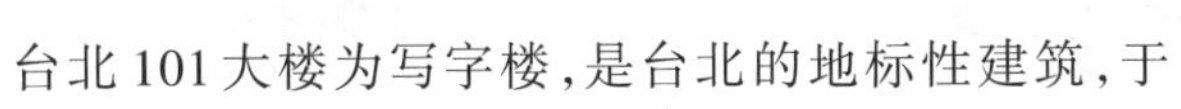

台北101大楼为写字楼,是台北的地标性建筑,于2004年启用。楼高508米,地上101层,地下5层。在世界高楼协会颁发的证书里,台北101大楼拿下了“世界高楼”四项指标中的三项世界之最,即“最高建筑物”(508米)“最高使用楼层”(438米)和“最高屋顶高度”(448米)。大楼以中国人的吉祥数字“八”作为设计单元,每八层楼为一个结构单元,层层相叠,在外观上形成有节奏的律动美感。

影响

每年12月31日至次年1月1日,台北101大楼以烟火作为主题举办跨年活动(图5-5-2)。

每年举办台北101大楼国际登高赛。

2004年12月31日,台北101大楼举行大楼开幕典礼。

2004年12月25日,法国亚伦·罗伯特(Alain Robert)成功完成攀爬台北101大楼的挑战。

2005年11月11日,五月天在台北101大楼91层露天观景台举办演唱会。

2007年12月11日,奥地利人鲍姆加特纳从台北101大楼91层的露天观景台定点跳伞成功。

2004年10月,台北101大楼被认定为三项世界第一,分别为世界最高建筑物、世界最高使用楼层以及世界最高屋顶高度。

2005年,台北101大楼电梯被列入吉尼斯世界纪录,分别是:最快速电梯和世界最长行

程的室内电梯。

2011年,台北101大楼获得了美国LEED白金级绿色建筑认证。

台北101大楼,是台北市标志性建筑之一,多家跨国企业进驻,形成台北信义区商圈,带动了台北的金融贸易。

图5-5-2　台北101大楼烟火跨年活动

相关知识拓展

台北101大楼,主要由台北金融大楼股份有限公司规划,并由建筑师李祖原与王重平设计,以数字8作为设计单元,每8层楼为一个结构单元,建筑面内斜7度,彼此接续、层层相叠,构筑整体;外观为多节式结构,达到防灾防风效果,每8层形成一组自主构成的空间,化解高层建筑引起的气流对地面造成的风场效应,并用绿化植栽区区隔,墙体为透明隔热帷幕玻璃。

台北101大楼基桩由382根钢筋混凝土构成,外围由8根钢筋柱组成,并在大楼内设置调谐质量阻尼器,以达到防震的效果。

5.6 上海金茂大厦——当代建筑科技与历史的融合

概述

上海金茂大厦(图5-6-1),位于上海市浦东新区世纪大道88号,地处陆家嘴金融贸易区中心,东临浦东新区,西眺黄浦江,南望浦东张杨路商业贸易区,北临10万平方米的中央绿地。

图5-6-1 上海金茂大厦主体

上海金茂大厦占地面积2.4万平方米,总建筑面积29万平方米,其中主楼88层,高420.5米,约有20万平方米,属塔型建筑。裙房共6层3.2万平方米,地下3层5.7万平方米,外体用铝合金管制成的格子包层。金茂大厦1—2层为门厅大堂;3—50层是层高4米、净高2.7米的大空间无柱办公区;51—52层为机电设备层;53—87层为酒店;88层为观光大厅,总建筑面积1520平方米。

1998年6月,上海金茂大厦荣获伊利诺斯世界建筑结构大奖;1999年10月,上海金茂大厦荣获新中国成立50周年上海十大经典建筑金奖首奖;2013年,上海金茂大厦通过LEED-EB认证。

特点

上海金茂大厦由美国芝加哥SOM设计事务所设计规划,由Adrian Smith主创设计,并由上海现代建筑设计有限公司配合设计。设计师将世界建筑潮流与中国传统建筑风格结合。在上海金茂大厦,整幢大楼垂直偏差仅2厘米,可以保证12级大风不倒,能抗7级地震。

上海金茂大厦的外墙由大块的玻璃墙组成,反射出似银非银、深浅不一、变化无穷的色彩。玻璃分为两层,中间有低温传导器,外面的气温不会影响到内部。

上海金茂大厦的大厅采用圆拱式门框,墙面选用地中海有孔大理石,能起到隔音效果;地面大理石光而不亮,平而不滑。前厅内的八幅铜雕壁画集中体现了中国传统的书法艺术,它通过汉字(从甲骨文、钟鼎文到篆、隶、楷、草)的演变,反映了中国上下五千年的文明史。通往宴会厅的走廊,是一条艺术长廊。

影响

2015年4月，上海金茂大厦举办“水墨丹青·画说中国——《中国大画家》全国巡展”上海站活动。

2017年1月，上海金茂大厦举行“年里金茂”春节主题活动。

2018年8月，上海金茂大厦开展“绿金爱心行”系列公益活动。

相关知识拓展

上海金茂大厦地基部分采用钢筋混凝土的保护性结构，往上是高强度混凝土与钢结构复合结构。大楼框架下面是4米厚的钢筋混凝土筏式基础及429根空心钢柱，这些钢柱被打入砂黏土层65米深处。大厦的支撑主要依靠柱的摩擦力。地面上，钢筋混凝土内筒通过外伸钢架域外檐处的8根超级巨柱结合在一起，共同承担垂直与水平荷载。

图5-6-2　上海金茂大厦顶部

上海金茂大厦的主体结构存在墙体收分和体型变化。它有3.2米、4米、5.2米等8种高度，53层以上墙体厚度由850毫米逐步分四次缩减至450毫米。上海金茂大厦主楼基础承台为C50高标号混凝土，方量13500立方米。防水材料采用美国胶体公司生产的纤维装单夹防咸水CR膨润土防水膜、膨润土填缝剂和多用途膨润土粉粒。防水膜用于大面积铺贴，填缝剂和多用途粉粒用于嵌缝、填补空洞。上海金茂大厦地下室开挖面积近2万平方米，基坑周长570米，开挖深度19.65米，土方量达到了32万立方米。

上海金茂大厦主要填充墙、防火分区隔墙等均采用空心砌块。其中，120毫米厚砌块4901平方米，190毫米厚砌块49742平方米，250毫米厚砌块1098平方米，300毫米厚砌块3493平方米。上海金茂大厦裙房屋面、主楼局部屋面也采用了屋面保温层。其中，裙房屋面约7500平方米，主楼局部屋面约2500平方米。

5.7　上海环球金融中心——开放式玻璃顶棚

概述

上海环球金融中心(图5-7-1)，位于上海市浦东新区世纪大道100号，为地处陆家嘴金融贸易区的一栋摩天大楼，东临浦东新区腹地，西眺浦西及黄浦江，南望张杨路商业贸易区，北临陆家嘴中心绿地。

上海环球金融中心占地面积14400平方米，总建筑面积381600平方米，地上101层，地下3层，楼高492米，外观为正方形柱体。裙房为地上4层，高度约为15.8米。上海环球金融中心B2、B1、2和3层为商场、餐厅；7—77层为办公区域(其中29层为环球金融文化传播中心)；79—93层为酒店；94、97和100层为观光台(图5-7-2)。

图5-7-1　上海环球金融中心主体

图5-7-2　上海环球金融中心观光台

2008年，上海环球金融中心被世界高层建筑与都市人居学会评为“年度最佳高层建筑”。

2018年，上海环球金融中心获得世界高层建筑与都市人居学会颁发的“第16届全球高层建筑奖之‘十年特别奖’”。

特点

特色一——“上海的制高点”观光平台。

特色二——“从0米升到430米只要66秒”。

特色三——俯瞰上海城市变迁，欣赏城市璀璨夜景。

特色四——聚集城市的多种元素，舒适、温馨，充满新的惊喜和发现。

上海环球金融中心94—100层都为观光层。其中倒梯形底部为97层观光天桥，而倒梯形顶部为100层，里面设置了长约55米的贵宾观光天阁，高474米的观光天阁是世界上较高观景平台，超过目前被称为“世界观光厅”的加拿大电视塔（高度为447米），让贵宾在宽阔的观光空间感受上海的城市魅力。此外，大楼94层还设置了面积700平方米、室内净高8米的观光大厅，满足普通游客观光的需要。

影响

2015年，上海环球金融中心观光厅举办“迪士尼生命之绘米奇奇妙之旅”动画特展。

2016年1月1日—3月1日，上海环球金融中心观光厅94层举办“国家地理经典影像盛宴”展览。

2017年7月28日—10月31日，上海环球金融中心观光厅承办“时空奇遇‘WHERE'S WALLY'”中国巡展。

2018年7月1日—10月7日，上海环球金融中心94层观光厅和4层艺术空间共同举办“World of GHIBLI in China”吉卜力官方大展，主要内容为“龙猫上映30周年纪念——吉卜力的艺术世界”展和“天空之城——吉卜力的飞行梦想”展。

相关知识拓展

上海环球金融中心由美国KPF建筑事务所、上海环球金融中心风阻尼器和日本株式会社入江三宅设计事务所共同设计，结构设计来自籁思理·罗伯逊联合股份有限公司（LERA），为钢筋混凝土结构（SRC结构）、钢结构（S结构）。上海环球金融中心形态和构架源于“天地融合”的构想，将高楼“演绎”为连接天与地的纽带。上海环球金融中心的主体是一个正方形柱体，由两个巨型拱形斜面逐渐向上缩窄于顶端交会而成，方形的棱柱与大弧线相互交错，凸显出大楼的垂直高度。为减轻风阻，在原设计中建筑物的顶端设有一个巨型的环状圆形风洞开口，借鉴了中国庭园建筑的“月门”，后来将大楼顶部风洞由圆形改为倒梯形。

上海环球金融中心塔楼主要为核心筒和巨型柱结构(图5-7-3)，该结构施工采用自行开发研制的整体提升钢平台模板体系和进口的液压自动爬升模板体系。上海环球金融中心塔楼的外墙装饰采用单元式玻璃幕墙，采用夹胶中空或中空Low-E玻璃，以满足安全、美观、节能的需要。

图5-7-3　上海环球金融中心塔楼核心筒和巨型柱结构

5.8　上海中心大厦——中国第一高楼

概述

上海中心大厦(图5-8-1)，是上海市的一座超高层地标性摩天大楼，其设计高度超过附近的上海环球金融中心。上海中心大厦项目面积433954平方米，建筑主体为119层，总高为632米，结构高度为580米，机动车停车位布置在地下，可停放2000辆车。

2008年11月29日，上海中心大厦主楼桩基开工。2016年3月12日，上海中心大厦建筑总体正式全部完工。2016年4月27日，“上海中心”举行建设者荣誉墙揭幕仪式，并宣布分步试运营。2017年4月26日，位于大楼第118层的“上海之巅”观光厅正式向公众开放。

图 5-8-1　上海中心大厦

美国SOM建筑设计事务所、美国KPF建筑师事务所及上海现代建筑设计集团等多家国内外设计单位提交了设计方案，美国Gensler建筑设计事务所的“龙型”方案及英国福斯特建筑事务所的“尖顶型”方案入围。经过评选，“龙型”方案中标，大厦细部深化设计基于“龙型”方案，施工图由同济大学建筑设计研究院完成。

特点

节能环保

设计方此前就表示大楼将采用多项最新的可持续发展技术，达到绿色环保的要求。此次环评公示显示，在主楼顶层计划布置72台每台功率为10千瓦的风力发电设备，对冷却塔进行围护以降低噪音，而绿化率将达到31.1%。

主要的技术指标：室内环境达标率100%；综合节能率大于60%；有效利用建筑雨污水资源，实现非传统水源利用率不低于40%；可再循环材料利用率超过10%；实现绿色施工；实现建筑节能减排目标。

此外，“上海中心”的造型也极大程度地满足了节能的需要。它摆脱了高层建筑传统的外部结构框架，以旋转、不对称的外部立面使风载降低24%，减少大楼结构的风力负荷，节省了工程造价。同时，与传统的线性建筑相比，“上海中心”的内部圆形立面使其眩光度降低了14%，且减少了对能源的消耗。

高速电梯

上海中心大厦总高度超过500米的快速电梯由三菱公司设计，负责将乘坐者送至空中大厅。这种电梯采用加压舱设计和可以发电的转换器，能耗减少30%。上海塔的快速电梯最大速度超过每小时64千米——正常情况下为这一速度的一半，是世界上速度最快的电梯。这座摩天楼将安装106部电梯，其中有7部为双层电梯。

可直达119层观光平台的快速电梯，其速度每秒可达18米，55秒可抵达上海中心119层观光平台。如果下行，每秒速度达10米，70秒后可抵达一层。这样的超高速观光电梯一共有3台。

影响

2014年12月23日下午，邓南威和他的太太柳立以及观复博物馆向"上海中心"捐赠《上海少女》(图5-8-2)，仪式在上海国际会议中心举行。《上海少女》陈设于上海中心一楼办公大堂入口，成为上海中心的重要文化标志之一。《上海少女》是已故画家、艺术家陈逸飞创作的大型城市雕塑作品，作品完成于2000年，是陈逸飞在其位于泰康路的雕塑创作室内制作的。《上海少女》将平面油画中20世纪三四十年代上海女性形象翻成立体雕塑，刻画的是一位身姿窈窕的上海少女。少女身着的旗袍、手中的鸟笼与香扇，唤起人们对于老上海以及老上海女性的怀旧情结。

图5-8-2　上海中心大厦《上海少女》

邓南威在与观复博物馆创办人马未都商议后，觉得将陈逸飞的这件佳作安放在即将落成的上海中心大厦最合适：首先，上海毕竟是《上海少女》曾有的家；再者，《上海少女》修长曼妙的身姿与上海中心缓慢扭转的外形相当吻合。

相关知识拓展

上海中心大厦底板浇筑，如图5-8-3。

图5-8-3　上海中心大厦底板浇筑

上海中心大厦主楼61000立方米大底板混凝土浇筑工作于2010年3月29日凌晨完成，如此大型的底板浇筑工程在世界民用建筑领域内开了先河。上海中心大厦基础大底板浇筑施工的难点在于，主楼深基坑是全球少见的超深、超大、无横梁支撑的单体建筑基坑，其大底板是一块直径121米、厚6米的圆形钢筋混凝土平台，11200平方米的面积相当于1.6个标准足球场大小，厚度则达到两层楼高，是世界民用建筑底板体积之最。其施工难度之大，对混凝土的供应和浇筑工艺都是极大的挑战。作为632米高的摩天大楼的底板，它将和其下方的955根主楼桩基一起承载上海中心119层主楼的负载，被施工人员形象地称为“定海神座”。

2013年8月3日上午，随着大厦主体结构最后一根钢梁吊装到位，上海中心大厦实现主体结构封顶，按计划达到125层、580米的高度。

2014年8月3日，上海中心大厦实现全面结构封顶，顺利达到632米最高点，刷新申城天际线新高度。

德育知识拓展·鲁班文化

与孔子、老子、孟子等著书立说的文化名人不同，鲁班是一位平民，是一位普通劳动者，他在实践中创新创造，以他的创造性赢得老百姓的尊敬。纪念鲁班，推广鲁班文化更容易被普通民众接受，特别是被广大职业学校学生接受。

1. 以工匠精神为主体的鲁班文化体现的是创新创造、精益求精的追求。“鲁班是家喻户晓的‘百工圣祖’，在中华文明史上写下了光辉灿烂的篇章。”2500多年的鲁班文化深入民心，源远流长，鲁班所体现的“创新创造、精益求精”的精神品质是中华民族集体智慧和创造的结晶，更是推动中华民族创新和发展的动力源泉。

今天，梳理、研究、弘扬鲁班精神，是历史发展之必然，是时代的呼唤。我们要用鲁班精神激励人们以诚实劳动、创造性劳动成就梦想，我们更希望创新成为人们内心的传统，一种‘百姓日用而不知’的传统。喜新是人的本性，倡导鲁班文化，其意义在于鼓励大家创新，不要墨守成规。对于今天的中职学生，要求其不断提高技能水平，创新创造，精益求精，是日常教育和教学工作的重要内容。

2. 以工匠精神为主体的鲁班文化体现的是手脑并用、学做合一的教育理念。现代职业教育的先驱黄炎培先生提出的“手脑并用、学做合一”“手脑并用、双手万能”的职业教育理念，深刻地揭示了职业教育的本质特征和基本规律，要求职业学校的教学要强调质量，注重创新，立足服务。黄炎培先生对职业教育的精辟见解，与现在提倡的以工匠精神为主体的鲁班文化高度吻合。即都是提倡理论与实践相结合，动手与动脑相结合，知识与技能相结合，教学内容与生产实际相结合，学校实训场与企业生产车间相结合，教师与师父相结合的职业教育理念。

3. 以工匠精神为主体的鲁班文化体现的是质量意识、规矩规范的要求。对于中职学生来讲，质量意识和规矩规范是要植根他们心间的重要要求。中国建筑工程质量最高奖是“鲁班奖”，可见鲁班本身就体现了质量，鲁班文化核心之一就是质量、规范，是建筑工程追求的目标。对于中职生的教育，如何体现规范和质量意识是很重要的内容。教会学生“用心做事”是一种人生原则，它能使学生在生活中学到更多，做得更好，只有用心做事，才能把事做出色。为了提高质量，“用心做事”是对工作强烈的责任感和正确的思维方式。态度决定一切，一个人的工作态度折射出他的人生态度，而人生态度决定一个人一生的成就。从小树立质量意识、规范意识，对职业学校的学生而言是十分重要的。

4. 以工匠精神为主体的鲁班文化体现的是标准标杆、职场荣誉。现在，全国各地到处都有与鲁班文化、工匠精神相关的东西，如“鲁班节”“鲁班算量软件”“鲁班杯”“鲁班奖”和鲁班文化创意产业园，动画片《小小鲁班》主要卡通形象，以及大大小小的各式鲁班雕塑。这些都在努力倡导鲁班文化，崇尚工匠精神，鲁班代表标准，而且是建筑工程质量的最高标准。获得最高荣誉就成了质量的标杆，对个人而言就成了职业追求，一生为荣。

中职学校积极倡导工匠精神和鲁班文化，以“长技能、宽基础、高素质”为立体式育人标准，用工匠精神和鲁班文化感染和熏陶建筑专业的学生。在师生中大力弘扬吃苦耐劳、勇于实践、锲而不舍、敬业创新的“鲁班工匠精神”。将鲁班文化与德育、美育、教学水平、技能训练、技能竞赛、班级管理、制度规范、校园文化等有机衔接。看似抽象的鲁班精神，已内化成师生实实在在的自觉行为。

世界建筑新动向

6.1 迪拜哈利法塔——世界第一高楼

哈利法塔(图 6-1-1),原名迪拜塔,又称迪拜大厦或比斯迪拜塔,是世界第一高楼与人工构造物。

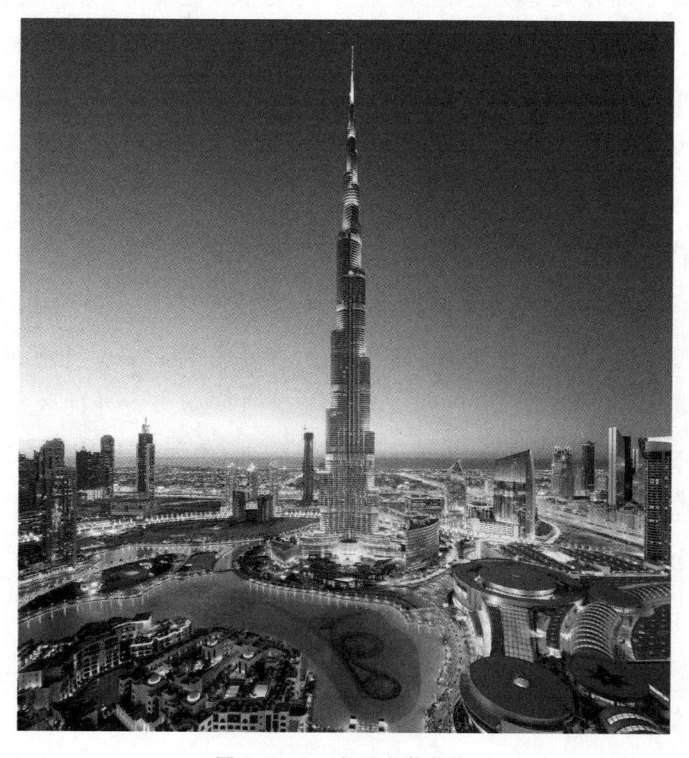

图 6-1-1 哈利法塔主体

哈利法塔高828米，楼层总数162层，耗资15亿美元，大厦本身的修建费用至少10亿美元，还不包括其内部大型购物中心、湖泊和稍矮的塔楼群的修筑成本。哈利法塔总共使用33万立方米混凝土、6.2万吨强化钢筋，14.2万平方米玻璃。为了修建哈利法塔，共调用了大约4000名工人和100台起重机，把混凝土垂直泵上逾606米的地方，打破上海环球金融中心大厦建造时的492米的纪录。大厦内设有56部电梯，速度最高达17.4米/秒，另外还有双层观光电梯，每次最多可载42人。

哈利法塔始建于2004年，当地时间2010年1月4日晚，迪拜酋长穆罕默德·本·拉希德·阿勒马克图姆揭开被称为“世界第一高楼”的“迪拜塔”纪念碑上的帷幕，宣告这座建筑正式落成，并将其更名为“哈利法塔”。①

特点

哈利法塔由SOM所设计，该公司以实施它的超高楼计划闻名，例如芝加哥的西尔斯大楼与纽约市的自由塔。

哈利法塔为伊斯兰教风格建筑，楼面为“Y”字形，并由三个建筑部分逐渐连贯成一核心体，从沙漠中升起，朝着天空，以螺旋的模式，一直到顶部，中央核心逐转化成尖塔，Y字形的楼面也使得哈利法塔有较大的视野。

内部设计由乔治·阿玛尼设计，阿玛尼饭店坐落于37楼以下的楼层，45—108层将会有多达700间房间（开发商表示，这些公寓房间在开卖后的8小时内即销售一空），106层以上的楼层则作为办公室与会议室，124层预计会设计观景台（约442米），而顶部的尖塔天线将包含通信功能。

哈利法塔和其他世界高层建筑相比，其建筑内有1000套豪华公寓，周边配套项目包括龙城、迪拜MALL及配套的酒店、住宅、公寓、商务中心等项目。

哈利法塔也包含了蒂森克虏伯制造的世界最快电梯，速度达17.5米/秒，在此之前世界最快的电梯在中国台湾的台北101大楼内，达16.8米/秒。

哈利法塔设计为包含30000户与9间饭店，包含迪拜购物中心、迪拜塔湖上饭店与服务公寓、19栋住宅大楼、2.5公顷的公园与一个12公顷大的迪拜塔湖泊等。这整个200公顷（500英亩）的开发项目成本高达200亿美元，但只要该项目完成，就有200公顷的使用面积。

影响

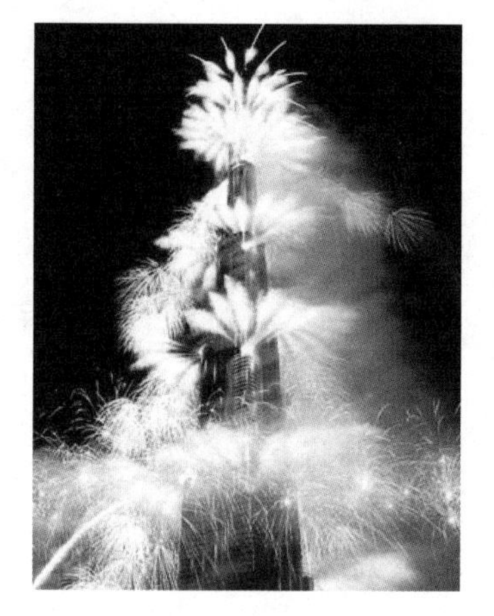
图 6-1-2　哈利法塔烟火

哈利法塔内的设施如豪华公寓、服装专卖店、游泳池、温泉会所、高级个人商务套房，以及位于124层可以俯瞰整个迪拜的观景平台等都一应俱全，而意大利时尚设计师乔治·阿玛尼也在大厦内建起第一家阿玛尼酒店，成为阿玛尼酒店全球连锁的旗舰店，内部所有的装潢、家具设计全部遵循阿玛尼品牌的风格。除此餐厅、温泉等之外，阿玛尼酒店内还有175间贵宾间和套房，占地达4万平方米。在酒店的旁边还有144座豪华的住宅式公寓，从家具到所有其他产品的设计也都由阿玛尼亲自操刀。

相关知识拓展

①哈利法塔最初叫迪拜塔，完工之后才改称哈利法塔。在古代阿拉伯世界中，哈利法为“伊斯兰世界最高领袖”之意，同时也是历史上阿拉伯帝国统治者的称号。而迪拜所属的阿拉伯联合酋长国总统，同时也是阿布扎比的酋长，名字正好是哈利法。之所以临时改迪拜塔为哈利法塔，乃是感念哈利法的黄金救助，让迪拜得以在2009年末债务危机中，惊险渡过偿债难关。

6.2　阿拉伯塔酒店——金钱与高科技的结晶

概述

阿拉伯塔酒店（图 6-2-1）因外形酷似船帆，又称迪拜帆船酒店。该酒店建在离沙滩岸边280米处的波斯湾内的人工岛上，仅由一条弯曲的道路连接陆地，共有56层，321米高，酒店的顶部设有一个由建筑的边缘伸出的悬臂梁结构的停机坪。

图6-2-1　阿拉伯塔酒店主体

阿拉伯塔酒店，位于阿联酋迪拜海湾，以金碧辉煌、奢华无比著称。

特点

阿拉伯塔酒店是世界上最高的七星级酒店，于1999年12月开业，有高级客房202间，建立在离海岸线280米处的人工岛Jumeirah Beach Resort上。其糅合了最新的建筑及工程技术，迷人的景致及造型，使它看上去仿佛和天空融为一体。2005年2月22日，世界排名第一的瑞士网球球员费德勒和美国传奇老将阿加西在参加迪拜公开赛间隙，来到号称世界最豪华的酒店，在位于迪拜海域的"阿拉伯塔"饭店顶端的一个独一无二的空中网球场，他俩进行了一场别开生面的友谊赛。据称此网球场原是直升机停机坪，距离地面200多米，令人震惊。

阿拉伯塔酒店采用双层膜结构建筑形式，造型轻盈、飘逸，具有很强的膜结构特点及现代风格。它拥有202套复式客房、200米高可以俯瞰迪拜全城的餐厅。中庭是金灿灿的，它最豪华面积达780平方米的总统套房更是华丽无比，在第25层，家具是镀金的，设有一个电影院、两间卧室、两个客厅和一个餐厅，出入有专用电梯。客房面积从170平方米到780平方米不等。这家酒店拥有八辆宝马和两辆劳斯莱斯，专供住店旅客直接往返机场，也可从旅馆28层专设的机场坐直升机，花15分钟空中俯瞰迪拜美景。客人如果想在海鲜餐厅中用餐，他们将被潜水艇送到餐厅，以便就餐前欣赏到海底奇观。

影响

旅馆内整整有两层楼是专为住店旅客提供健身服务的，24小时开放。这也是目前世界上最大、设备最先进、服务最好的旅馆健身场所。那里最小的房间170平方米，最低房价1299美元/天（约8000元人民币/天）。最高的总统套房则要18000美元/天（不包括早餐在内，约110000元人民币/天）。

在夏季，为了鼓励消费，单间客房降价后也要2500—3500迪拉姆/天（约3.66迪拉姆合1美元）。据旅馆总经理介绍，旅店常年的入住率都超过82%，旅客多是大人物和有钱的太太，来自沙特阿拉伯、英国、德国、阿联酋其他酋长国和海湾及中东地区。他们看中的是这里的环境相对清静，远离外部与闹市，可以好好放松身心而不受打扰。此外，也有客人入住是为了订婚、结婚、过生日等。

相关知识拓展

帆船酒店最初的创意（图6-2-2）是由阿联酋国防部长、迪拜王储阿勒马克图姆提出的。经过全世界上百名设计师的奇思妙想，加上迪拜的巨额资金和5年的时间，终于缔造出一个梦幻般的建筑——将浓烈的伊斯兰风格和极尽奢华的装饰与高科技的工艺、建材完美结合，建筑本身获奖无数。

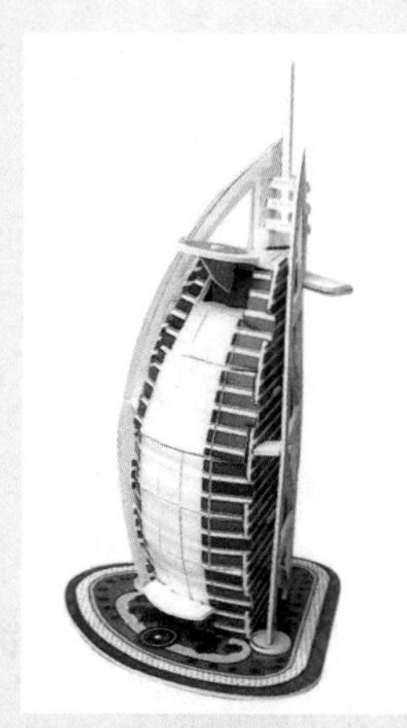
图6-2-2　帆船酒店设计创意

阿拉伯塔酒店由英国设计师W.S.Atkins设计，外观如同一张鼓满了风的帆，一共有56层，321米高，是全球最高的饭店，比法国埃菲尔铁塔还高上一截。

阿拉伯塔酒店由南非著名建筑承包商“莫瑞和罗伯茨”(Murray & Robers)公司及阿联酋本地的大型建筑承包商“阿勒哈卜图尔”建筑公司(Al Habtoor Engineering Enterprises L.L.C.)承建，前后共花了5年的时间，包括两年半时间在阿拉伯海填出人工岛，两年半时间用在建筑本身。工程总共使用了9000吨钢铁，并实现了把250根基建桩柱打在40米深海下的壮举。

德育知识拓展·高楼大厦的魔咒

有这样一个故事:人类联合起来,希望兴建能通往天堂的高塔,名为巴别塔。为了阻止人类的计划,上帝让人类说不同的语言,使他们相互之间不能沟通。计划因此失败,人类自此各散天涯,建立了不同的种族。

然而,人类建造高塔的野心从未消失。越来越多的塔楼在城市中拔地而起,老式的板楼相形见绌;另外,第一高楼的名号被各地竞相抢夺:纽约曼哈顿帝国大厦、世贸双塔、芝加哥西尔斯大厦、马来西亚吉隆坡的双子塔、上海的金茂大厦、迪拜的哈利法塔……然而,冷静衡量就会发现,"摩天楼"的名号虽诱人,实际滋味却并不美妙。

1. 外强中干的大高个。在容积率相似的情况下,建超高楼其实是弊大于利的。从经济上考虑,现在的摩天楼早已超越了合理的限度。据计算,一座200米高的建筑成本要远远高于两座100米高的建筑成本的总和。而对于三四百米以上的摩天大楼来说,所要面对的问题则更加复杂,每上升1米都会增加上百万美元的成本,如果加上运营中的维护费用,比如外墙清洁、电梯等,消耗更加惊人。如果超高层建筑的使用寿命以65年计算,它的维护费用是一般建筑的3倍!从20世纪30年代曼哈顿的帝国大厦开始,这些年来兴建的高层建筑基本上都是亏本运营的。也正是这个原因,目前建筑界的共识是,高度超过300米的摩天大楼已经失去了节约用地的经济意义。例如上海的金茂大厦,它每平方米的建造成本高达2万元,建成后每天用于大厦的管理费和维护费则超过了100万元。有的专家索性将超高层建筑称为"资本黑洞"。

2. 城市新公害。越来越多的人开始质疑塔楼的宜居性。采光严重不足,白天不得不使用灯具照明;通风不畅,只能依靠空调,这些不仅带来巨大的能耗,而且电梯、水泵、风机等机器的运行带来持续不断的低频噪声,也会给人的健康带来巨大危害。在应付突发事件方面,摩天大楼的软肋更是明显,上海金茂大厦曾做过试验,身强力壮的消防队员从85层楼往下跑,最快的也要35分钟。

高大的塔楼还会对整个城市大环境的自然光、风以及气温产生很大影响。比如,高楼会破坏城市规划的天际线,蚕食天空,挡住视线和阳光。夏天,高楼幕墙反射的光会对周边环境造成光污染,还会对驾驶员造成视觉干扰,增大发生交通事故的概率。另外,高楼还会将高空强风引至地面,造成高楼附近局部强风,影响行人的安全。在北京200米高的京广中心附近就出现过大风中行人行走困难、被风吹倒等现象。

除了局部强风,高层建筑还会加剧城市热岛现象。由于空调、照明等设备均需较大的能量供应,产生的大量热能会改变城市原有的热平衡,导致城市热岛现象加剧。更令人担心的是地面沉降问题。上海目前下沉最严重的就是浦东区，而摩天大楼林立的陆家嘴更是重灾区，金茂大厦仅在2008年之内就下沉了6厘米之多。

3. 劳伦斯魔咒。高楼的使用效率高么？如果把高楼周围的大片绿地都算进去，建一栋高楼并不比建高密度的中低层建筑更节约土地。另外，电梯也是一个不得不考虑的问题。美国规定高层建筑的电梯设置原则：按上班前5分钟的人流计算，只允许候梯30秒。美国许多150米左右的大楼里就设置了20—30部电梯。按这样的容量，大楼的高度和宽度就有较严格的比例。所以，很多超高建筑是"骨头粗肉少"——电梯间就占了太大面积。有的超高建筑，如美国被炸的世贸双塔，设置了两层空中门厅用于转电梯：有的高楼还设置了像双层巴士一样的双层电梯，可同时停靠两层楼……如果不建这么多电梯，高楼里上下班的人流高峰将造成楼层拥挤，高层建筑周围也会出现人流高峰和车流高峰。北京的国贸就是一个典型的例子。

既然高楼的弊端如此之多，为什么人们还是争先恐后地抢筑"第一高楼"？其实，摩天楼在通常情况下更大的意义是"炫富"，从而吸引投资。如上海的金茂大厦建成之后，为当地形象大大加分，进而带来诸多投资、旅游和商贸活动，这些收益远远超过了花在高楼上的养护费用。

但是，一位名叫安德鲁·劳伦斯的经济学家注意到，"世界第一高"往往会带来所在地的经济衰退！他在1999年公布了自己的研究结论：世界最高大楼的开工建设与商业周期的剧烈波动之间关系密切，"第一高"的兴建通常是经济衰退到来的前兆，离经济衰退只有半步之遥！（远的不说，最新第一高楼"哈利法塔"与迪拜的金融危机就是一个活生生的例子。）他建议用"摩天大楼指数"来预测经济繁荣的结束时间，于是，人们纷纷称呼他的理论为"劳伦斯魔咒"。

不过，人们对于高楼的热情并没有因这道魔咒而减少。据说，沙特阿拉伯等国正在积极准备建造高度超过1000米的建筑来超越哈利法塔。建筑师们对此忧心忡忡，却又无能为力。或许，只有当人们普遍意识到"一座城市的居住舒适度比城市外观的威仪华丽更有价值""一座城市的美在于保持她自己的肌理和尺度"时，对第一高楼的狂热追逐才会降温。